W0263681

Schriftenreihe Neurologie 31

Horst Wiethölter

Verlaufsformen der experimentell-allergischen Neuritis

Elektrophysiologische Untersuchungen und Behandlung durch Plasmaseparation

Mit 99 Abbildungen

Springer-Verlag Berlin Heidelberg New York
London Paris Tokyo

Priv.-Doz. Dr. med. Horst Wiethölter
Oberarzt der Neurologischen Klinik der Eberhard-Karls-Universität
Abteilung Allgemeine Neurologie
Liebermeisterstraße 18–20
D-7400 Tübingen

CIP-Titelaufnahme der Deutschen Bibliothek

Wiethölter, Horst:
Verlaufsformen der experimentell-allergischen Neuritis:
elektrophysiolog. Unters. u. Behandlung durch Plasmaseparation / Horst Wiethölter. – Berlin; Heidelberg; New York; London; Paris; Tokyo: Springer, 1989
  (Schriftenreihe Neurologie; Bd. 31)

ISBN-13: 978-3-642-73708-4   e-ISBN-13: 978-3-642-73707-7
DOI: 10.1007/978-3-642-73707-7

NE: GT

Satz: Fotosatz & Design, Berchtesgaden

2125/3130-543210 – Gedruckt auf säurefreiem Papier

Vorwort

Immunologische Betrachtungen neurologischer Erkrankungen haben
in den letzten Jahren zunehmend an Bedeutung gewonnen und zu viel-
fältigen Untersuchungen mit Modellcharakter angeregt. Im Zentrum
des Interesses stand bislang die experimentell-allergische Enzephalomyelitis als zentralnervöse autoimmune Entmarkungserkrankung, die
entscheidende Impulse zum Verständnis der Encephalomyelitis disse-
minata gegeben hat. Das periphere Pendant, die experimentell-allergische Neuritis, mit Entmarkung vorwiegend oder ausschließlich der
von Schwann-Zellen bemarkten peripheren Nerven, liefert außer
theoretischer Modellbildung in exklusiver Weise die Chance, Entwicklung und Verlauf der Erkrankung mit elektrophysiologischen Meßda-
ten fortlaufend zu objektivieren. Damit sind erstmals Voraussetzungen
geschaffen, kontrollierte immunmodulierende therapeutische Eingriffe konsequent zu überwachen und zu prüfen.

Die Arbeiten waren nur möglich, weil mir viel Hilfe zuteil wurde.
Ich danke Herrn Prof. Dr. J. Dichgans für die engagierte Unterstüt-
zung beim Aufbau eines Labors. Herr Dr. P.-J. Hülser hat mir während der gesamten experimentellen Phase, insbesondere bei den
schwierigen elektrophysiologischen Untersuchungen, tatkräftig zur
Seite gestanden und war ständiger Diskussions- und Ansprechpartner.
Die gute Pflege der Tiere, begleitende histomorphologische Aufberei-
tungen und die Darstellung der Abbildungen verdanke ich der Hilfe
von Frau A. Zürn. Bei Untersuchungen im Kontext zur vorliegenden
Arbeit hat mir Herr H. Grüninger seine Erfahrung und zahlreiche
Wochenenden zur Verfügung gestellt. Herrn Dr. K. Wessel danke ich
für die Hilfe bei der Plasmaseparation und Herrn Dr. D. H. Meier für
die Kultivierung der Lymphozyten, die uns von Herrn Dr. C. Linington freundlicherweise zur Verfügung gestellt wurden. Herr Prof. H.
Wolburg hat mir die elektronenmikroskopischen Bilder erstellt.

Den Doktoranden, Herrn Sommer, Herrn Topka und Herrn Stall-
mach danke ich für eine Reihe kritischer Anregungen. Herrn Wiehr
verdanke ich die photographischen Arbeiten. Schließlich gilt mein
besonderer Dank Frau C. Melzer, die das Manuskript geschrieben und
nachträgliche Änderungen vorzüglich durchgeführt hat.

Tübingen, 1988   Horst Wiethölter

Inhaltsverzeichnis

VIII

X

1 Einleitung

Entzündliche Erkrankungen im Bereich des peripheren Nervensystems können durch direkte Erregerinvasion verursacht sein, postinfektiös im Anschluß an einen Infekt oder ohne erkennbare Ursache idiopathisch auftreten. Die häufigste dieser nicht erregerbedingten Neuritiden ist die Polyneuritis bzw. Polyradikulitis.

Nach klinischen Kriterien lassen sich akute von chronischen Formen unterscheiden.

Die akute idiopathische Polyneuritis, nach den Beobachtern der typischen zyto-albuminären Dissoziation Guillain-Barré-Strohl-Syndrom (GBS) genannt, hat eine monophasische Verlaufsform. Idiopathisch ohne Vorboten oder postinfektiös nach einem meist banalen katarrhalischen oder gastrointestinalen Infekt entwickelt sich mit einer Latenz von 2–3 Wochen eine symmetrische Polyneuritis. Spätestens 4 Wochen nach Beginn der Erkrankung wird der Höhepunkt erreicht. Nach einer variablen Plateauphase kommt es bei regelhaft monophasischem Verlauf zur Remission. Etwa 3–5 % der Patienten mit akutem GBS entwickeln ein oder mehrere Rezidive mit zwischenzeitlich guter Remission (Arnason 1984). Wegen der jeweils raschen Entwicklung im Rezidiv lassen sich diese Formen dem akuten GBS zuordnen und von den chronisch progredienten bzw. chronisch rezidivierenden idiopathischen Polyneuritiden (CRIP) abgrenzen.

Pathologisch-anatomisch liegt der akuten Polyneuritis bzw. -radikulitis eine entzündliche Entmarkung mit Ödem, perivenösen mononukleären Infiltraten (Lymphozyten und Makrophagen) und segmentaler Demyelinisierung zugrunde (Prineas 1981).

Das Bild entspricht genau dem der experimentell-allergischen Neuritis (EAN), einem Tiermodell, bei dem sich eine Neuritis durch Immunisierung mit Nervenhomogenat oder Myelinextrakt erzeugen läßt.

Als für die autoallergische Reaktion des Tieres entscheidendes neuritogenes Antigen gelten Bruchstücke eines basischen Myelinproteins (Aminosäuresequenz 53–78 nach Uyemura et al. 1982), des P_2, dessen Aminosäuresequenz (bei Rind und Kaninchen) aufgeklärt ist (Eylar et al. 1980), und das besonders reichlich in den Markscheiden des peripheren Nerven (Kadlubowski u. Hughes 1980) vor allem der Ratte gefunden werden kann. Eine Reihe experimenteller Daten, insbesondere die passive Übertragbarkeit („adoptive transfer") durch spezifisch sensibilisierte Lymphozyten, belegen die wesentliche Bedeutung der zellvermittelten Immunreaktion (Typ-IV-Reaktion) als pathogenetisch wirksamen Faktor im Tierversuch. Trotz pathologisch-anatomisch nahezu identischer Veränderungen im peripheren Nerven eines Patienten mit GBS und eines Versuchstieres mit EAN fehlt bisher der schlüssige Beweis einer zellvermittelten Immunreaktion beim GBS.

Die chronische Variante, die chronische bzw. chronisch rezidivierende idiopathische Polyneuritis (CRIP) oder „chronisches GBS", unterscheidet sich von der akuten Polyneuritis durch ihren langsamen, subakuten oder chronischen Beginn mit Erreichen des Maximums nach Monaten.

Pathogenetisch sprechen immunhistochemisch nachweisbare Immunglobulinablagerungen und segmentale Demyelinisierungen in der Suralisbiopsie, häufig ohne entzündliche Infiltrate, für eine vorwiegend humoral vermittelte Immunpathogenese. Die CRIP hat damit sowohl histopathologisch als auch pathogenetisch große Ähnlichkeit mit einem anderen Tiermodell, der chronischen experimentell-allergischen Neuritis, die in Kaninchen durch Immunisierung mit Galaktozerebrosiden induziert werden kann.

Für beide Formen, das akute GBS und die CRIP, sind therapeutische Eingriffe nahezu ausnahmslos empirisch begründet, und Parameter, die zu Beginn der Erkrankung eine Aussage über Verlauf und Prognose zulassen, liegen bislang nicht vor. Das Ziel der vorliegenden Arbeit lag darin, zunächst ein Tiermodell zu etablieren, mit dem verschiedene Verlaufsformen — akut, subakut, chronisch — einer experimentell-allergischen Neuritis voraussagbar an einer Tierspezies (Ratten) induziert werden können. Bisher liegen Untersuchungen nur über akute Verläufe der EAN bei Ratten vor, und nur sporadisch ist über protrahiert verlaufende Erkrankungen berichtet worden. Nach neuesten Arbeiten konnten durch längere Verlaufsbeobachtung allerdings bis zu 100 % Rezidive nach etwa 100 Tagen dokumentiert werden (Craggs et al. 1986). Das Verfahren zur chronischen galaktozerebrosid-induzierten EAN des Kaninchens läßt sich auf Ratten nach bisherigen Erfahrungen nicht übertragen (Hoffmann et al. 1980).

Um Verlaufsbeobachtungen quantitativ dokumentieren zu können, war es notwendig, elektrophysiologische Untersuchungsmethoden zu entwikkeln oder bekannte Verfahren auf Ratten zu adaptieren. Dazu wurden zunächst umfangreiche elektrophysiologische Voruntersuchungen an gesunden Tieren durchgeführt, Normwerte festgelegt und über die Aussagefähigkeit pathologischer Veränderungen Rechenschaft abgelegt.

Mit entsprechendem elektrophysiologischem Rüstzeug wurden schließlich erstmals Untersuchungen über Nutzen und Risiko der Plasmaseparation bei akuter EAN der Ratte durchgeführt, die als Diskussionsgrundlage für den Einsatz der Plasmapherese beim akuten GBS dienen können.

2 Verfahren zur Induktion verschiedener Verlaufsformen der experimentell-allergischen Neuritis

2.1 Allgemeines

Seit der umfangreichen experimentellen Studie von Waksman u. Adams (1955), in der sie durch Immunisierung von Kaninchen mit Homogenaten aus Kaninchen-, Rinder-, Hunde-, Meerschweinchen- und humanem Ischiadicus eine entzündliche Erkrankung in den peripheren Nerven induzieren konnten, ist diese als experimentell-allergische Neuritis (EAN) bezeichnete Erkrankung als Modell einer immunologisch ausgelösten Neuritis etabliert. Sie unterscheidet sich von der damals bereits bekannten experimentell-allergischen Enzephalomyelitis durch den definitionsgemäß ausschließlichen Befall des peripheren Nervensystems. Wenig später wurden Neuritiden auch bei Affen (Heitmann et al. 1975), Schafen (Paraf et al. 1963) und Küken (Petek u. Quaglio 1967) ausgelöst. Schwere und Verlauf der Erkrankung hängen von einer Reihe von Faktoren ab, von denen die wichtigsten die verwendete Tierart, das Alter der Tiere und der Immunisierungsmodus einschließlich verschiedenartiger immunogener Substanzen und Adjuvanzien sind.

2.1.1 Abhängigkeit der EAN von der Art des Empfängertieres

Es ist bekannt, daß Kaninchen die schwersten Krankheitsformen und Meerschweinchen die geringsten Symptome entwickeln (Waksman u. Adams 1956). Zudem weisen Meerschweinchen häufig Zeichen einer experimentell-allergischen Enzephalomyelitis (EAE) mit zentralnervösen Ausfällen (Brostoff et al. 1973) auf, sowie sie auch umgekehrt bei einer primären EAE pathologisch-anatomisch eine entzündliche Beteiligung des peripheren Nerven entwickeln (Lassmann et al. 1986). Schafe, Küken und Ratten sind in vergleichbarer Weise gut empfänglich. Allerdings ist bei Ratten und Mäusen die Auswahl der Spezies von entscheidender Bedeutung (Hoffman et al. 1980; Taylor u. Hughes 1985). Bei einem Vergleich von Lewis-Ratten mit Wistar-, Sprague-Dawley- und Ratten vom Stamm „Brown Norway" zeigen sich erhebliche Differenzen. Lewis-Ratten sind hoch empfindlich und erkranken an einer schweren EAN, während Ratten vom Stamm „Brown Norway" extrem resistent sind. Wistar- und Sprague-Dawley-Ratten entwikkeln inkonstant nur leichte Formen der EAN. Die Abhängigkeit vom Alter der Tiere demonstrierten Allt et al. (1971) an Kaninchen. Waren die Kaninchen zum Zeitpunkt der Inokulation jünger als einen Monat, entwickelten sich keinerlei Symptome, etwas ältere, aber noch junge Tiere benötigten längere Zeit bis zum Auftreten erster Krankheitszeichen, erholten sich dann aber besser als ältere Tiere. Außerdem war die Inzidenz bei jungen Tieren geringer.

2.1.2 Abhängigkeit der EAN von der Donor-Spezies

Die Wahl der Donor-Spezies entscheidet ebenfalls über den Verlauf der EAN (Smith et al. 1979). Wird Myelin aus dem humanen N. ischiadicus präpariert und in Lewis-Ratten injiziert, wird eine schwere EAN mit Beteiligung der Hirnnerven erzeugt. Rattenmyelin führt nur zu geringfügigen klinischen Symptomen, während Myelin von Kaninchen und Rind eine Mittelstellung in der Wirksamkeit hat und zu einem klinischen Bild mit Paresen nur in den hinteren Extremitäten führt. Myelin vom Frosch z.B. hat keinen Effekt. Unabhängig vom Donor haben in den Untersuchungen von Smith et al. (1979) alle immunisierten Ratten eine reine Neuritis mit Ausnahme der Tiere, die Meerschweinchenmyelin bekommen hatten. Diese Tiere erkrankten zusätzlich an einer EAE.

2.1.3 Abhängigkeit der EAN von der Antigenaufbereitung

Es gibt unterschiedliche Aufbereitungsformen der Antigene: z. B. Bruchstücke des basischen Myelinproteins, basisches Myelinprotein P_2, isoliertes Myelin oder Homogenat aus Nervengewebe, das nur grob von begleitenden Gefäßen und von Bindegewebe befreit worden ist, und Unterschiede in der Wahl des Entnahmeortes. So können der N. ischiadicus oder intradurale Wurzeln verwandt werden.

Bei früheren Vergleichen von isoliertem Myelin mit P_2 (Nagai et al. 1980) war gereinigtes bovines P_2 in Kaninchen nur wenig wirksam. Versetzt mit Gangliosiden, Lezithin, Cholesterin oder auch Galaktozerebrosiden und nicht an Myelin gebundenen Glukozerebrosiden (Hughes u. Powell 1984) wurde die gleiche neuritogene Wirksamkeit erreicht wie mit isoliertem Myelin. Später konnten Kadlubowski u. Hughes (1980) allerdings nachweisen, daß zumindest in Lewis-Ratten eine hohe Empfindlichkeit auch für P_2 besteht.

Eine von den beschriebenen Formen der EAN gänzlich abweichende Form läßt sich durch wiederholte, eventuell auch einmalige Injektion (persönliche Mitteilung von Toyka) einer Aufbereitung mit Galaktozerebrosiden erreichen. Saida et al. (1979; 1981) haben gezeigt, daß durch Immunisation

4

von Kaninchen eine EAN ausgelöst werden kann, die zwischen acht Wochen und einem Jahr nach Beginn der Immunisation einsetzt. Histologisch unterscheidet sie sich von der klassischen EAN, die durch Nervenhomogenat, Myelin oder P_2 hervorgerufen wird, durch das Fehlen von Lymphozyteninfiltraten im Bereich der Entmarkungszone. Bei Ratten konnte bisher auch unter Einsatz verschiedener Immunisationsverfahren eine EAN durch Galaktozerebroside nicht erzeugt werden.

2.1.4 Abhängigkeit der EAN vom Adjuvans

Nach den bisherigen Erfahrungen ist der Einsatz von komplettem Freund-Adjuvans zum Neuritogen die verläßlichste Methode, eine EAN zu induzieren. Komplettes Freund-Adjuvans reicht allein in der Regel zur Immunisation nicht aus, so daß zur Verstärkung verschiedene hitzegetötete Mykobakterien in unterschiedlicher Menge beigemischt werden, wobei dem Mycobacterium tuberculosis die stärkste, dem Mycobacterium butyricum eine mittlere und dem Mycobacterium smegmatis die geringste adjuvante Wirksamkeit zukommen dürfte. Berichten von Levine u. Wenk (1963) und Hughes u. Kadlubowski (1980) zufolge kann in einzelnen Rattenstämmen allerdings auch gänzlich ohne Mykobakterien und ohne Pertussisvakzine eine EAN produziert werden. Die vorherige Injektion von Pertussis- oder DPT-Vakzine (Powell et al. 1983; Behan u. Currie 1978) führt zu einer hyperakuten Form und zu einer höheren Inzidenz in Meerschweinchen (Tuck et al. 1981). Der Zusatz von inaktivierter Schweine-Influenza-Vakzine führte cbenfalls zur Verstärkung cincr EAN (HIjorth ct al. 1984).

2.2 Induktion durch Lymphozytentransfer

Von der klassischen Weise, eine EAN durch Immunisierung zu erzeugen, gibt es eine abweichende kürzere Methode, die sich die Erfahrung zunutze macht, daß die EAN unter bestimmten Voraussetzungen von einem Tier auf das andere durch sensibilisierte Lymphozyten übertragen werden kann. Hughes et al. (1981) übertrugen durch Lymphknotenzellen von Lewis-Ratten, die neun Tage zuvor mit Myelin oder P_2 immunisiert worden waren, eine EAN passiv auf gesunde Ratten. Linington et al. (1984) konnten darüber hinaus eine permanente T-Zell-Linie etablieren — LiP_2/A, immunzytologisch vom Phänotyp der Helferzellen —, die spezifisch ausschließlich durch P_2 aktiviert wurden.

Frisch aktivierte Lymphoblasten dieser Zell-Linie induzieren nach intravenöser oder intraperitonealer Injektion in Abhängigkeit von der Anzahl applizierter Lymphozyten in vier bis sechs Tagen eine akut einsetzende EAN

(s. auch Rostami et al. 1985). Vorteile der Übertragung dieser Form der EAN liegen in der hervorragenden Steuerbarkeit und Voraussagbarkeit sowohl des Zeitablaufes als auch der Schwere der Erkrankung.

2.3 Verlaufsformen der EAN

Die EAN gilt als akut auftretende Polyneuritis bzw. -radikulitis, die nach rasch erreichtem Höhepunkt monophasisch zur Erholung führt. Die Orientierung erfolgt in der Regel an klinischen Symptomen, wie z. B. für die Ratte: Gewichtsverlust, Schwäche im Schwanz, Parese der Hinterpfoten bis hin zur Plegie, Tetraplegie und eventuell auch Tod. Nach diesen Kriterien ist die EAN für die üblicherweise aufmerksam beobachteten kurzen Zeiträume monophasisch.

Es gibt nur wenige Studien, die an einer größeren Anzahl von Tieren den weiteren Verlauf beobachtet haben, um einen eventuell rezidivierenden, chronischen oder chronisch progredienten Verlauf zu erkennen. Gelegentlich konnten Heitmann et al. (1957) bei Affen erneute kurzzeitige Exazerbationen der Erkrankung nach offensichtlicher Erholung beobachten und auch bei Meerschweinchen wurden gelegentlich rezidivierende Verläufe gesehen (Waksman 1963). Systematischer haben Pollard et al. (1975) bei etwa 20 % ihrer Meerschweinchen eine erneute Verschlechterung während der Erholungsphase dokumentiert. Nach Brosnan et al. (1984) sollen 30 % der Lewis-Ratten nach einmaliger Immunisierung eine rezidivierende EAN entwickeln. In langfristigen Beobachtungen schließlich konnten Craggs et al. (1986) bei vier Monate alten männlichen Lewis-Ratten durch Immunisierung mit bovinen dorsalen Wurzeln in Freund-Adjuvans, versetzt mit Mycobacterium butyricum (3 mg/ml) ausnahmslos einen rezidivierenden Verlauf mit einem Rezidiv etwa 100 Tage nach der Initialerkrankung und einem zweiten Rezidiv weitere 80–90 Tage später mit zunehmend milderem Verlauf auslösen.

Nach bisherigen Erkenntnissen entwickelt sich besonders bei jungen Tieren, die mit hohen Dosen einer neuritogenen Substanz unter Verzicht auf Adjuvanzien oder allenfalls mit geringer Menge Freund-Adjuvans immunisiert werden, ein chronisch progredienter oder chronisch rezidivierender Verlauf.

So erkranken junge Meerschweinchen (15–21 Tage alt!) nach hoher Antigenexposition von 700 mg Kaninchen-Ischiadikus pro kg Körpergewicht zu 60 % an einer chronisch progredienten und nach 600 mg Ischiadikus in 30 % an einer rezidivierenden Verlaufsform (Madrid 1983). Ebenso haben Suzumura et al. (1985) mit Dosen von etwa 2000 mg/kg KG boviner Wurzeln bei allen Meerschweinchen (zwei Wochen alt!) eine chronische oder chronisch rezidivierende EAN erzeugt.

6

In anderen Versuchen wurde durch wiederholte Immunisierung ein erneutes Aufflackern der Erkrankung induziert. Der Immunisationsmodus mit wiederholten Injektionen geht auf die Beobachtungen von Sherwin (1966) zurück, der gezeigt hat, daß monatliche Injektionen bei etwa einem Fünftel der von ihm studierten Kaninchen zur Erkrankung mit chronisch progredientem Verlauf führten. Eine chronisch progrediente Erkrankung entwickelte sich nach einmaliger Injektion, wenn die Tiere mit Zyklophosphamid behandelt wurden (Madrid u. Wisniewski 1982).

2.4 Zur Induktion der EAN eingesetzte Methoden

2.4.1 Tierhaltung

Zur Induktion der Erkrankung wurden von uns ausschließlich weibliche Lewis-Ratten der Tierzuchtanstalt Hannover mit einem Ausgangsgewicht von 160–200 g eingesetzt. Die Tiere wurden in Macrolonkäfigen gehalten, die groß genug waren, um zwei bis drei Tiere aufzunehmen.

Gefüttert wurden die Ratten mit „Altromin Ratten Preßlingen" und Wasser ad libitum. In den Experimenten mit akuten Verläufen erfolgten Gewichtskontrolle und klinische Befunddokumentation täglich, bei anderen Tieren in unregelmäßigen Abständen. Elektrophysiologische Untersuchungen erfolgten zu entsprechend vorbestimmten Zeiten. Zur Verlaufskontrolle der Immunreaktion wurde bei einigen Tieren in dreitägigen bzw. wöchentlichen Abständen Blut aus dem retroorbitalen Plexus entnommen, zentrifugiert und bei mindestens –20°C eingefroren.

2.4.2 Immunisationsschemata

Die Tiere wurden in mehrere Gruppen mit unterschiedlichen Immunisationsverfahren aufgeteilt. Diesem Vorgehen lag die Absicht zugrunde, durch Variation der Injektionsmenge und -art, durch Beimischung verschiedener Mykobakterien in unterschiedlicher Menge, eine Methode zu finden, die möglichst viele Tiere an einer chronisch rezidivierenden oder chronisch progredienten Verlaufsform erkranken läßt, um sie mit denen zu vergleichen, die an einer akuten EAN erkranken.

Zur Immunisation wurden frische, maximal 30 min postmortal entnommene intradurale Wurzeln von Rindern aus dem Schlachthof (Tübingen) geholt und eisgekühlt von anhaftendem Bindegewebe, Dura, Gefäßen und Arachnoidea befreit. Bis zur weiteren Verwendung, höchstens zwei Wochen nach der Präparation, wurden die Wurzeln bei mindestens — 20°C aufbewahrt. Die Herstellung des Homogenates erfolgte mit einem Mörser unter flüssiger Luft und anschließender weiterer Zerkleinerung mit einem hochtourigen Homogenisator (Turrax), nachdem das Gewebe zu gleichen Gewichtsteilen mit physiologischer Kochsalzlösung verdünnt worden war. Je ein Teil dieses Gemisches wurde mit einem Teil (v/v) komplettem Freund-Adjuvans versetzt und mit der „Spritzenmethode" emulgiert.

In zwei durch ein Verbindungsstück konnektierten Spritzen wurde die Mischung so lange hin und her gespritzt, bis ein stabiles Emulgat entstanden war.

Das komplette Freund-Adjuvans (CFA) wurde von zwei verschiedenen Herstellern bezogen. CFA der Firma GIBCO enthält 0,85 ml Paraffinöl, 0,15 ml Arlacel A und 0,5 mg Mycobacterium smegmatis in 1 ml Flüssigkeit. Dieses CFA wurde ohne Anreicherung mit weiteren Mykobakterien eingesetzt.

Zum CFA von DIFCO (0,85 ml Paraffinöl, 0,15 ml Arlacel A und 0,5 mg Mycobacterium butyricum) wurden mit wenigen Ausnahmen 2,5–10 mg Mykobakterien (Mycobacterium tuberculosis, H 37 RA, DIFCO) pro Milliliter zugesetzt.

Die Gruppen wurden wie folgt eingeteilt (s. auch Tabelle 1):

1   Inokulation von Homogenat:
1.1   Homogenat + CFA intrakutan
1.2   Homogenat + CFA subkutan
1.2.1 Homogenat + CFA (DIFCO)
1.2.2 Homogenat + CFA (DIFCO) + Mycobacterium tuberculosis
1.2.3 Homogenat + CFA (GIBCO)
2   Kontrollen:
2.1   Kontrollen ohne Inokulation
2.2   Kontrollen mit Kochsalzlösung + CFA
2.3   Kontrollen mit Homogenat und inkomplettem Freund-Adjuvans
       (IFA)
3   Induktion durch Lymphozytentransfer.

Zu 1.1: Homogenat emulgiert in CFA (versetzt mit 10 mg Mycobacterium tuberculosis/ml CFA) wurde zu je 0,05–0,1 ml in jede Vorderpfote und der Rest verteilt auf zwei bis drei Portionen in die Haut des rasierten Rückens streng *intrakutan* injiziert.

Zu 1.2: Diese Gruppe von Tieren erhielt ebenfalls etwa 0,1 ml Homogenat in CFA emulgiert in jede Vorderpfote gespritzt. Der Rest von etwa 0,3–0,4 ml wurde auf vier Portionen verteilt *unter die Rückenhaut* in die Subkutis inokuliert.

Abweichend von den üblichen Immunisationsschemata wurde in Gruppe 1.2.3 eine große Menge Emulsion mit geringem Anteil des weniger potenten Mycobacterium smegmatis injiziert.

8

Tabelle 1. Immunisationsschema (*IFA* inkomplettes Freund-Adjuvans, *CFA* komplettes Freund-Adjuvans)

Gruppe	Antigen	GIBCO	DIFCO	Mykobakterien-zusatz/CFA	Injiz. Menge (ml)	Intra-kutan	Sub-kutan	Nr. d. Tiere
I	Homog. + CFA	+		−	0,8– 1,0		+	32–68
II	Homog. + CFA		+	−	0,4– 0,6		+	101+ 104
	Homog. + CFA		+	2,5–10 mg/ml	0,4– 0,6		+	102, 103, 105, 106, 121– 124
III	Homog. + CFA		+	10 mg/ml	0,2– 0,3	+		201– 220, 353– 382
	Kontrollen							
IV	−	−	−	−	−	−	−	115+ 116
V	NaCl+CFA	−	+	10 mg/ml	0,2– 0,3	+		221– 224
VI	Homog. + IFA	+	−	−	0,8– 1,0	−	+	95–99

Zu 2.2: Kontrolltiere wurden mit einem Emulgat aus CFA mit Mykobakterienzusatz intrakutan immunisiert.

Zu 2.3: Diese Tiere erhielten inkomplettes Freund-Adjuvans (IFA) zum Homogenat subkutan verabreicht.

Zu 3: Zur Induktion durch Lymphozytentransfer wurden uns freundlicherweise von Dr. C. Linington (Klinische Forschungsgruppe für Multiple Sklerose, Max-Planck-Gesellschaft, Würzburg) Lymphozyten einer permanenten T-Zell-Linie mit dem Phänotyp von Helferzellen (LiP$_2$/A) zur Verfügung gestellt (Linington et al. 1984). Die Lymphozyten waren aus Lymphknoten von Lewis-Ratten gewonnen worden, die neun Tage zuvor 200 μg bovines P$_2$-Protein in CFA erhalten hatten. Nach mehreren Zyklen einer Restimulation mit P$_2$ und einer Propagation im Medium, angereichert mit Interleukin 2, wurden Zellen in Dosierungen von 10^4–10^6 Lymphozyten, suspendiert in 1 ml Medium, in eine der Schwanzvenen der Ratten injiziert.

3 Klinische Verlaufsbeobachtung

3.1 Allgemeines

Zur klinischen Verlaufsbeobachtung werden üblicherweise die Paresen gradiert und Verlaufskurven des Körpergewichtes erstellt. Die Einteilung der Paresen erfolgte täglich entsprechend den Erfahrungen einer Reihe von Untersuchern in vier verschiedene Grade (Smith et al. 1979; Brosnan et al. 1984; Cunningham et al. 1983; Hughes u. Powell 1984), die von Grad I = „limp tail" bis zu Grad IV = Paraplegie reichen. Die Parese beginnt in der Regel wie bei der EAE in der Schwanzspitze, breitet sich proximal im Schwanz aus, führt zu einer symmetrischen Ataxie in den Hinterpfoten mit anschließender Paraparese und Paraplegie (Arnason 1984; Simmons et al. 1983). Bei schweren Verläufen können auch die Vorderpfoten beteiligt sein. Eine Tetraparese mit einem Ausmaß, das Wasser- und Nahrungsaufnahme erschwert oder unmöglich gemacht hätte, ist in keinem Fall aufgetreten. Andere Einteilungen, z. B. in zehn Grade (Craggs et al. 1986) schienen uns nicht ausreichend reproduzierbar.

In der Gruppe mit akutem Verlauf wurde zudem täglich das Körpergewicht dokumentiert, in den subakuten und chronischen Verläufen mit größerem variablem Abstand.

3.2 Klinischer Verlauf in Gruppe I (chronisch progredient und chronisch rezidivierend)

Die Immunisation der Tiere der Gruppe I erfolgte mit 0,8–1,0 ml Homogenat, emulgiert in CFA von GIBCO ohne weiteren Zusatz von Mykobakterien, subkutan injiziert. Die Gewichtskontrolle dieser Tiere ließ einen leichten bis mäßig ausgeprägten Gewichtsverlust nach frühestens 18–20 Tagen erkennen. Häufig fand sich nur ein verzögerter Gewichtsanstieg (Abb. 1). Eine Parese trat über den gesamten Beobachtungszeitraum nicht ein, weder als Schwäche der Schwanzspitze noch als Ataxie oder Paraparese der Beine. Manchmal waren die Tiere insgesamt weniger lebhaft.

An der Injektionsstelle in den Vorderpfoten entstand eine entzündliche Schwellung, die von den Tieren problemlos toleriert wurde. Aus der Verhaltensbeobachtung alleine konnte also auf eine EAN nicht geschlossen werden.

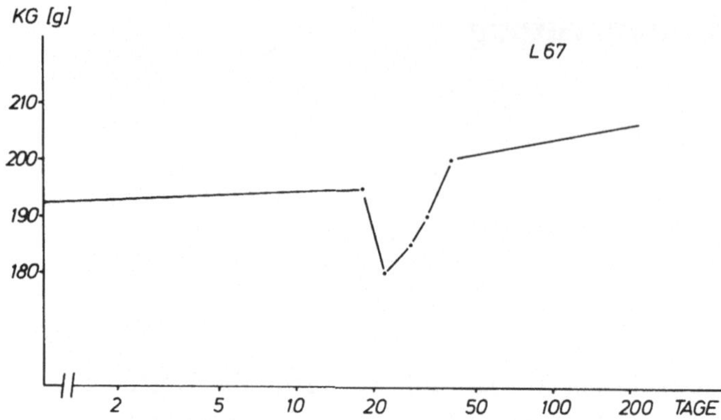

△

Abb. 1. Gewichtskurve von L 67 mit Gewichtsreduktion ab dem 18. Tag nach Immunisation (Gruppe I)

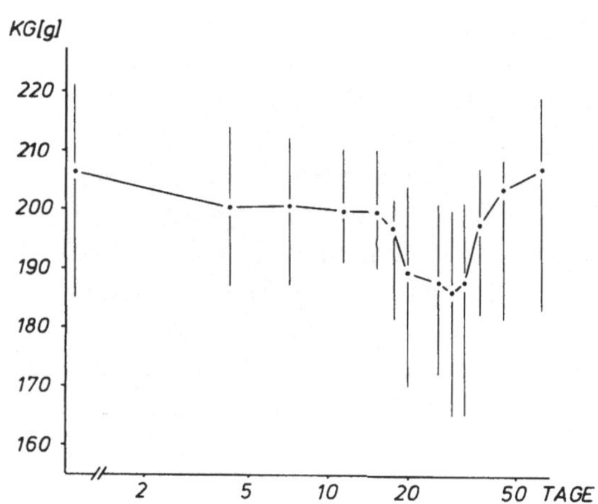

Abb. 2. Gewichtskurve von L 101–124 (Gruppe II). Es sind jeweils die Durchschnittsgewichte mit der Schwankungsbreite aufgetragen

3.3 Klinischer Verlauf in Gruppe II (subakuter Verlauf)

Tiere der Gruppe mit subakutem Verlauf, die mit subkutan injiziertem Homogenat immunisiert worden waren, hatten einen Gewichtsverlust mit Beginn um den 14.–18. Tag und Tiefpunkt um den 25.–30. Tag. Einige Tage später, am 18.–22. Tag, setzte die Klinik mit Paresen ein, die ihren Höhepunkt um den 25.–28. Tag hatten (Abb. 2). Die rasch danach einsetzende Erholung mit Besserung der Paresen führte je nach Ausmaß der Erkrankung innerhalb von 2–3 Wochen zu einer kompletten Remission. Schwere Paresen und paraplegische Verläufe konnten in dieser Gruppe nur einmal (L 103) gesehen werden, während alle anderen Tiere nur leichte Paresen entwickelten.

12

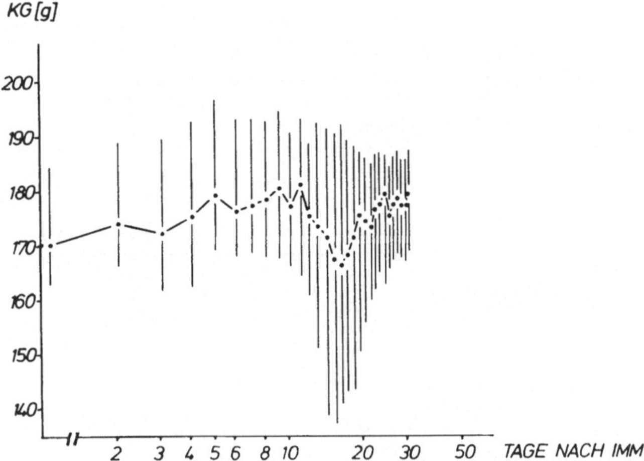

Abb. 3. Gewichtskurve von L 210–220 (Gruppe III). Es sind jeweils die Durchschnittsgewichte und die Schwankungsbreite aufgetragen

3.4 Klinischer Verlauf in Gruppe III (akuter Verlauf)

Bei der Gruppe mit akutem Verlauf zeigten sich erste klinische Symptome zwischen dem 12. und 16. Tag. Der Verlauf war relativ uniform: Ein bis zwei Tage nach beginnendem Gewichtsverlust traten erste Paresen auf, die nach weiteren zwei bis drei Tagen ihren Höhepunkt erreichten und sich innerhalb von etwa zwei bis drei Wochen zurückbildeten (Abb. 3). Der Schwanz blieb darüber hinaus manchmal noch längere Zeit geringer tonisiert. Die Paresen waren in dieser Gruppe deutlich ausgeprägter als in der Gruppe mit subakutem Verlauf.

3.5 Klinischer Verlauf nach Lymphozytentransfer (perakute Verlaufsform)

Eine perakute Verlaufsform wurde durch Transfer mit Lymphozyten der P_2-spezifischen T-Zell-Linie (LiP$_2$/A) erreicht. Der klinische Verlauf dieser Form ist monophasisch. Er startet mit Gewichtsverlust, dem eine akut einsetzende Parese folgt. Die Schwere der klinischen Ausfälle hängt von der Anzahl transferierter Lymphozyten ab und reicht vom „limp tail" bis zur Paraplegie.

Auch die Zeit bis zum Beginn der Gewichtsreduktion hängt von der Lymphozytendosis ab. Nach Injektion von 10^6 Zellen trat ein Gewichtsverlust nach fünf Tagen auf und nach 10^4 Lymphozyten zwischen dem sechsten und siebten Tag.

Tabelle 2. Klinischer Verlauf nach Lymphozytentransfer. *a* Durchschnittliche Latenz bis zum Beginn des Gewichtsverlustes (Tage); *b* durchschnittliche Latenz bis zum Beginn klinischer Symptome (Tage); *c* durchschnittlicher Schweregrad klinischer Symptome (Grad)

Anzahl injizierter Lymphozyten	Anzahl der Ratten	a	b	c
10^4	4	6,5	9,5	0,25
10^5	5	5,6	7,7	2,0
10^6	7	4,9	6,2	3,1

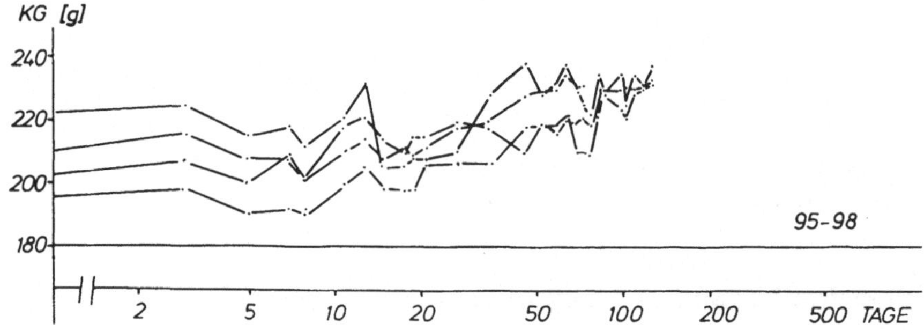

Abb. 4. Gewichtskurven von L 95–98 (Gruppe VI)

1,5–3 Tage später entwickelten sich die Paresen, die nur Stunden bis zum Vollbild ihrer Ausprägung benötigten.

Nach Injektion weniger Lymphozyten trat eine Vollremission nach 10–14 Tagen ein, während nach schwerem Krankheitsbild eine komplette Remission innerhalb einer Beobachtungszeit von mehr als 200 Tagen nicht beobachtet werden konnte (Tabelle 2).

3.6 Gewichtsverlauf bei den Kontrolltieren

Kontrollen mit Homogenat in inkomplettem Freund-Adjuvans und mit komplettem Freund-Adjuvans in physiologischer Kochsalzlösung verloren teilweise ebenfalls etwas Gewicht um den 18.–20. Tag, waren aber grundsätzlich weder paretisch noch insgesamt physisch erkennbar beeinträchtigt (Abb. 4).

3.7 Vergleichende Betrachtung der klinischen Verläufe

In Abb. 5 und 7 sind die Verlaufscharakteristika schematisch dargestellt. Es wird deutlich, daß im akuten Verlauf die Paresen früher beginnen, ausgeprägter sind und frühzeitig in eine komplette Remission kommen.

14

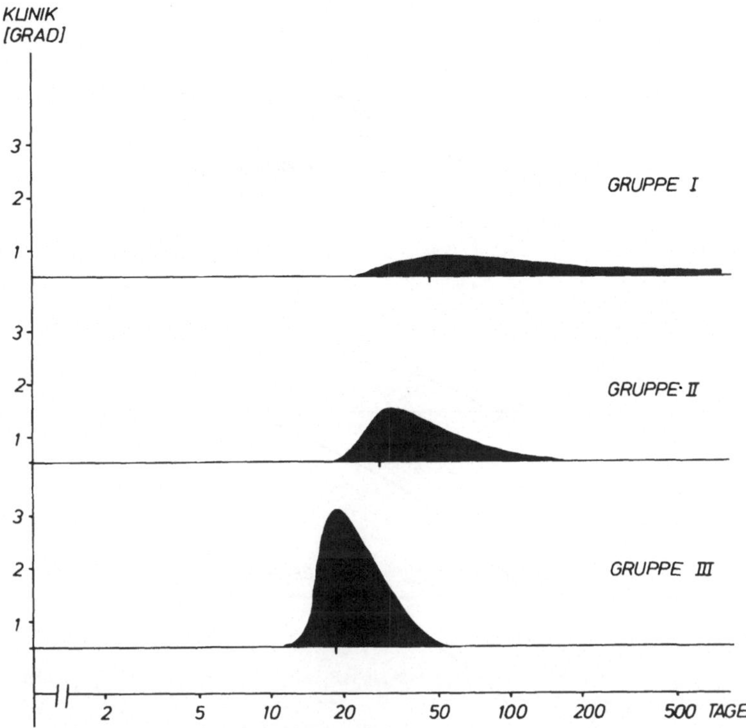

Abb. 5. Schematische Darstellung der klinischen Verläufe in den verschiedenen Gruppen. Die Klinik wird beschrieben mit: Grad 1 = limp tail, Grad 2 = Ataxie, Grad 3 = Paraparese, Grad 4 = Paraplegie oder Tetraparese

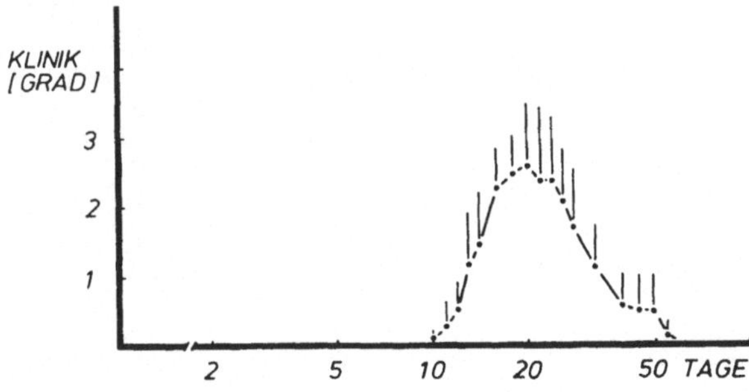

Abb. 6. Originalverlauf von L 353–382 (Gruppe III). Aufgetragen sind die Mittelwerte mit einfacher Standardabweichung

Je chronischer der Verlauf, desto später ist der Beginn der Paresen, desto geringer die klinische Ausprägung und desto verzögerter die Rückbildung. Diese Abhängigkeiten gelten sowohl für neurologische Ausfälle, als auch für den Gewichtsverlauf. Zur Illustration Abb. 6 mit Darstellung der Klinik der Tiere L 353–382 (Gruppe III).

15

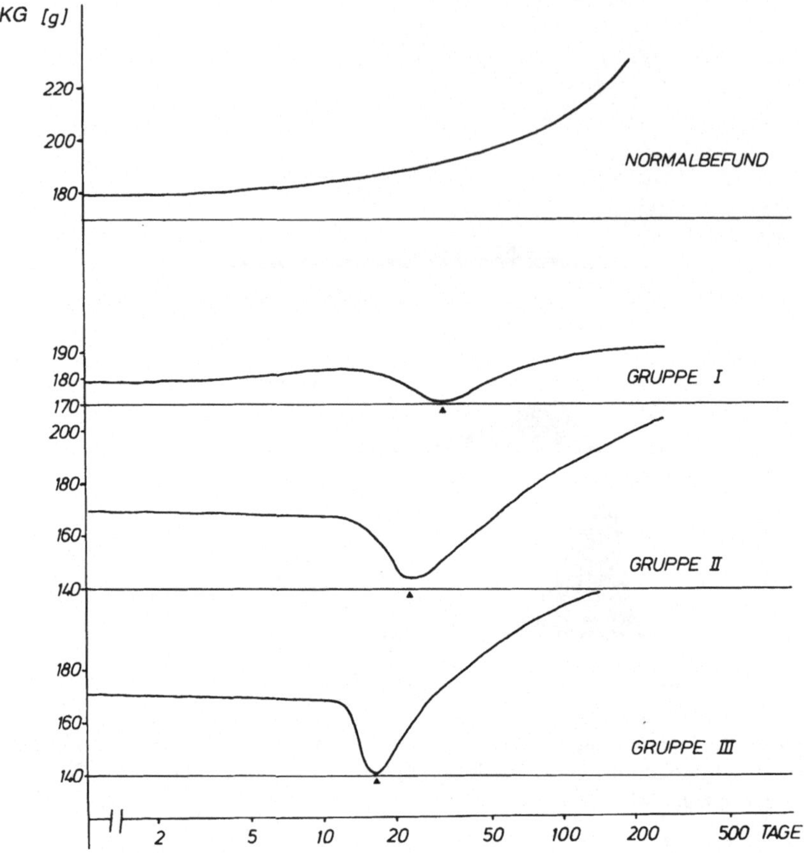

Abb. 7. Schematische Darstellung der Gewichtskurven in den verschiedenen Gruppen

16

4 Elektrophysiologische Meßmethoden

4.1 Stand der Forschung

Physiologische und insbesondere elektrophysiologische Auswirkungen von Entmarkungen im Bereich des peripheren Nerven haben wegen ihrer diagnostischen Aussagekraft lange schon besonderes Interesse auf sich gezogen. Man hat nach experimentellen Möglichkeiten gesucht, elektrophysiologische Untersuchungen an Nerven zu machen, deren Markscheidenaufbau gestört ist. Der erste direkte Nachweis eines Leitungsblockes infolge experimenteller Demyelinisierung erfolgte durch McDonald (1963b) nach parenteraler Applikation von Diphtherietoxin, während vorherige Versuche bereits eine Verzögerung der Nervenleitgeschwindigkeit als Folge der Demyelinisierung gezeigt hatten (McDonald 1961; Kaeser u. Lambert 1962). Erste Untersuchungen bei der EAN, die wegen ihres vorwiegend demyelinisierenden Charakters studiert wurde, sind von Cragg u. Thomas (1964), Mayer u. Denny-Brown (1964), Hall (1967) und später von Lehmann et al. (1971) durchgeführt worden.

Die Untersuchungen, die ausnahmslos an frei präparierten Nerven oder in vitro nach Herausnahme erfolgten, ließen Phänomene eines kompletten Leitungsblockes, einer partiellen Demyelinisierung und einer axonalen Degeneration in unterschiedlichem Ausmaß nachweisen. Messungen am freigelegten Nerven lassen sich nicht ohne Gefahr von unvermeidlichen operativen Sekundärveränderungen wiederholen. Für eine Verlaufsuntersuchung sind diese Methoden nicht geeignet. Messungen der Nervenleitgeschwindigkeiten mit Oberflächenelektroden erlauben zwar eine Verlaufsbeobachtung über längere Zeiträume, auch Wiederholungen der Messungen, schränken aber die Bestimmungen der Leitgeschwindigkeit auf distale Nervenabschnitte ein. Fortschrittlicher waren später Messungen der Nervenleitgeschwindigkeiten am Schwanz der Ratte, mit dem Vorteil exakter Streckenmessung zwischen Reiz- und Ableitelektrode und guter externer Temperatursteuerung (Kraft et al. 1978).

Entsprechend den histologischen Untersuchungen von Waksman u. Adams (1955) ist die EAN durch eine bevorzugt proximale Entmarkung charakterisiert, so daß Messungen distaler Nervenleitgeschwindigkeiten nur beschränkt Aussagen zum Ausmaß und zur Ausdehnung der Demyelinisierung zulassen.

Mit Hilfe der Messung der F-Wellen-Latenz haben Tuck et al. (1982) vergeblich versucht, proximale Leitungsverzögerungen bei Kaninchen und Meerschweinchen mit EAN zu dokumentieren. Die F-Welle ist Ausdruck einer antidromen Impulserregung in den Alpha-Motoneuronen, die durch supramaximale Reizung in einem geringen Anteil (etwa 1%) der motorischen Fasern eine in Latenz und Amplitude variable rekurrente Erregung auslöst. Diese Variabilität der Latenz erlaubt aus der F-Welle nur eine Schätzung der Nervenleitgeschwindigkeit vorzunehmen. Kimura (1978) hat nicht nur aus der F-Wellen-Latenz die motorischen Nervenleitgeschwindigkeiten berechnet, sondern mit Hilfe eines Quotienten, der die distale zur proximalen Latenz in Beziehung setzt, ein Maß angegeben, mit dem er proximale von distalen Verzögerungen der Nervenleitgeschwindigkeit beim Guillain-Barré-Syndrom abgrenzt. Entsprechende Untersuchungen der F-Wellen-Latenz unter Einschluß der motorischen Nervenleitgeschwindigkeit im N. ischiadicus bei EAN-Tieren haben Rostami et al. (1984) vorgelegt.

Wegen konstanter Reizreaktionsbeziehung eignet sich die Messung des H-Reflexes, der mit konstanter Latenz auftritt und als Reflex, der über Spindelafferenzen erregt wird, eine Beurteilung des gesamten Reflexbogens erlaubt. Verlaufsuntersuchungen mit Hilfe von H-Reflexmessungen bei der EAN haben bis zur Fertigstellung der Untersuchungen nicht vorgelegen.

Die Einführung elektronischer Mittelungsmethoden hat das Rausch-Signal-Verhältnis für bioelektrische Signale so weit verbessert, daß extrem niedrigamplitudige Aktionspotentiale erfaßt werden können.

Damit wurde es möglich, kortikale und spinale somatosensorisch evozierte Potentiale (SEP's) abzuleiten. Für Läsionen, die ausschließlich den peripheren Nerven einschließlich deren Wurzeln betreffen, eignen sich die spinal abgeleiteten SEP's. Auch Untersuchungen über spinale SEP's bei Tieren mit EAN sind von uns erstmals beschrieben worden (Wiethölter u. Hülser 1983).

4.2 Methoden zur elektrophysiologischen Untersuchung

Die zur elektrophysiologischen Untersuchung vorgesehenen Ratten wurden zur jeweils gleichen Tageszeit gewogen und nach kurzem Ätherrausch mit ca. 40 mg/kg KG Pentobarbitalnatrium (Nembutal) intraperitoneal narkotisiert. Die Ableitung erfolgte mit einem Tönnies-Gerät (Typ DA II) und die Aufzeichnung mittels system-integriertem X-Y-Schreiber. Während der Ableitung wurden die Tiere mit einem temperaturgeregelten Infrarotstrahler auf 34°C aufgewärmt. Die Reizung erfolgte mit Rechteckimpulsen von 0,5 ms Dauer über Nadelelektroden (DISA 13L64), die in der Nähe des Nerven zwischen Tibia und Achillessehne bzw. parakokzygeal 10 cm distal der Schwanzwurzel eingestochen worden waren.

18

Die Ableitung der Muskelaktionspotentiale erfolgte mit Oberflächenelektroden, die mit Elektrodenpaste bestrichen, auf die plantaren Fußmuskeln (differente Elektrode) bzw. auf den Fußrücken (indifferente Elektrode)
aufgeklebt wurden. Spinale oder Schwanznervenpotentiale wurden mit feinen subkutanen Platinelektroden (DISA 25C05) abgeleitet. Die Erdelek-
trode wurde jeweils um den Bauch in Höhe $Th_{11/12}$ gelegt. Bei der Messung
der sensiblen Nervenleitgeschwindigkeit der Schwanznerven war teilweise
eine zusätzliche Erdung in der Mitte zwischen Reiz- und Ableitelektrode am
Schwanz notwendig.

4.2.1 Sensible Nervenleitgeschwindigkeit der Schwanznerven

Der Schwanz der Ratte wird motorisch und sensibel von je zwei paarig angelegten dorsalen und ventralen gemischten Nerven versorgt (Steg 1964).
Nach Reizung 3–4 cm proximal der Schwanzspitze bzw. etwa 10 cm distal
der Schwanzwurzel mit einer Reizstärke gerade oberhalb der motorischen
Schwelle und einer Reizfrequenz von 3 Hz, läßt sich im Bereich der
Schwanzwurzel ein klar abgrenzbares Nervenaktionspotential mit 8–16 Rei-
zen aufsummieren (Filtereinstellung 10–1000 Hz). Aus der Latenz, gemessen bis zum Abgang des Potentials von der Grundlinie (Abb. 9), und der
Strecke läßt sich die sensible Nervenleitgeschwindigkeit (NLG) berechnen.
Bei einer Temperatur von 32–34 °C beträgt die sensible NLG relativ konstant
40–41 m/s. Diese Werte ergeben sich aus Messungen an 20 Tieren mit einem
Körpergewicht von etwa 200 g. Die sensible Nervenleitgeschwindigkeit ist
somit entsprechend den Vergleichswerten von Miyoshi u. Goto (1973) identisch mit der motorischen Nervenleitgeschwindigkeit dieses Nervenabschnittes. Die Temperaturabhängigkeit der sensiblen NLG entspricht in etwa der

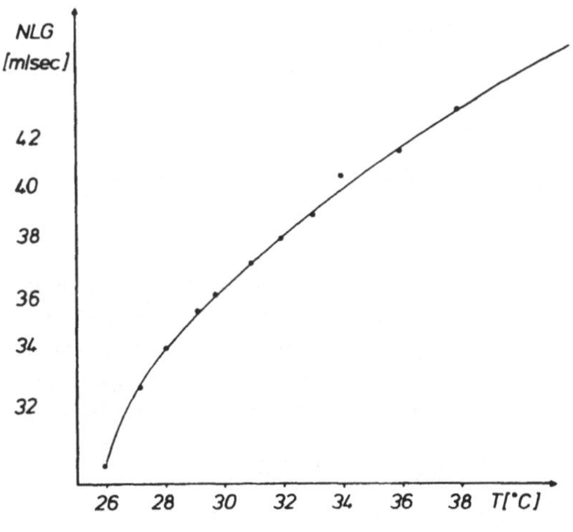

Abb. 8. Temperaturabhängigkeit
der sensiblen NLG der Schwanznerven, gemessen jeweils nach 5minüti-
ger Temperaturanpassung

19

motorischen. Im Durchschnitt nimmt die NLG in den mittleren Temperatur-
bereichen von 30–34°C pro 1° Temperaturanstieg um etwa 1 m/s zu
(Abb.8).

4.2.1.1 Somatosensorisch evozierte Potentiale nach Reizung der Schwanznerven

Die Ableitung von somatosensorisch evozierten Potentialen über dem Bek-
ken und den kaudalen Wirbelsäulenabschnitten nach Reizung der distalen
Schwanznerven gelingt problemlos (Abb.9). Die Ableitelektroden werden
jeweils zwischen den Dornfortsätzen plaziert. Als Referenz dient eine Elektrode über dem Beckenkamm. 32 Durchgänge reichen in der Regel für ein
klar abgrenzbares Potential mit einer Amplitude von 8–10 μV gut aus. Die
vermutlich postsynaptisch verstärkte spinale Reizantwort ist am besten über
den Dornfortsätzen $L_{3/4}$ ausgeprägt. Die Zuordnung der einzelnen, weiter
kaudal in verschiedenen Ableitungen sehr variablen Antwortgipfel zu entsprechenden Generatoren ist bislang nicht möglich.

Es läßt sich nicht ausschließen, daß mit zunehmender Entfernung vom
Reizort die Aufsplitterung der afferenten Gruppe-I- und -II-Fasern deutlicher wird. Die weniger dicht gepackte Lagerung der Wurzeln im Bereich
des Spinalkanals trägt möglicherweise ebenfalls zur Aufsplitterung der
Potentiale bei (Abb. 10).

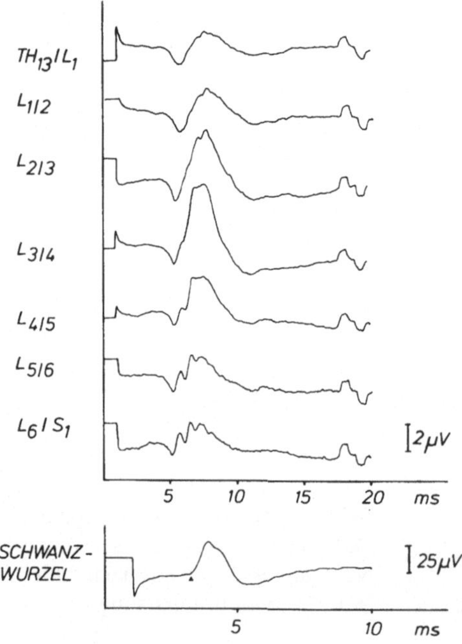

Abb. 9. Spinales SEP über verschiedenen Wirbelsäulenabschnitten nach Reizung der Schwanznerven. Die Latenz
zum Nervenaktionspotential über der
Schwanzwurzel erlaubt die Bestimmung
der sensiblen NLG. Beachte die unterschiedliche Zeitachse

20

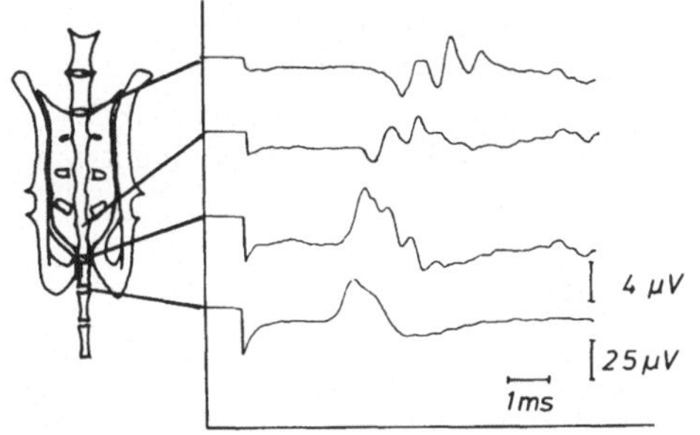

Abb. 10. Spinales SEP über verschiedenen sakralen Abschnitten nach Reizung der Schwanznerven

4.2.2 Rekurrente und Reflexantworten

4.2.2.1 H-Reflex

Der Hoffmann-Reflex oder einfach H-Reflex (Hoffmann 1922) ist ein elektrisch ausgelöster monosynaptischer Eigenreflex, der beim Menschen gut untersucht ist. Identisch zum Muskeleigenreflex sind die Reflexzeit, die Abhängigkeit von der Bahnung, die fehlende Habituation und Summation sowie die Refraktärperiode. Nach elektrischer Stimulation der im N. tibialis von den Muskelspindeln über die Hinterwurzeln zum Hinterhorn laufenden Ia-Afferenzen wird über die Alpha-Motoneurone eine reflektorische Erregung ausgelöst. Bei niedriger Reizstärke werden wegen ihrer niedrigen Reizschwelle zunächst isoliert nur die Ia-Afferenzen erregt, und es kommt im entsprechenden Muskel zu einer Reflexantwort. Erst mit zunehmender Reizstärke werden auch die motorischen Fasern miterregt, die zu einer orthodrom ausgelösten Muskelantwort (M-Antwort) führen.

Die Amplituden der Reflexantwort und M-Antwort nehmen mit weiterer Erhöhung der Reizstärke zunächst beide zu. Bereits vor Erreichen der maximalen M-Antwort allerdings wird die Amplitude des H-Reflexes wieder deutlich geringer, um bei supramaximaler Reizung schließlich ganz zu verschwinden.

Die Ursache dieses Reflexverhaltens wird in verschiedenen Faktoren gesehen:

a) Der aszendierende Impuls der antidrom miterregten motorischen Fasern kollidiert mit der reflektorischen deszendierenden Impulswelle.

b) Der antidrome Impuls in den Motoaxonen erreicht über deren Kollateralen auch Renshaw-Zellen und führt so zu einer kollateralen Hemmung der Motoneuronen.

c) Miterregte Ib-Fasern von den Golgi-Sehnenorganen führen zu einer propriozeptiven Hemmung der Reflexaktivität.

Beim Menschen ist unter normalen Bedingungen ein H-Reflex nur vom M. gastrocnemius, nicht aber von den kleinen Fußmuskeln erhältlich. Bei

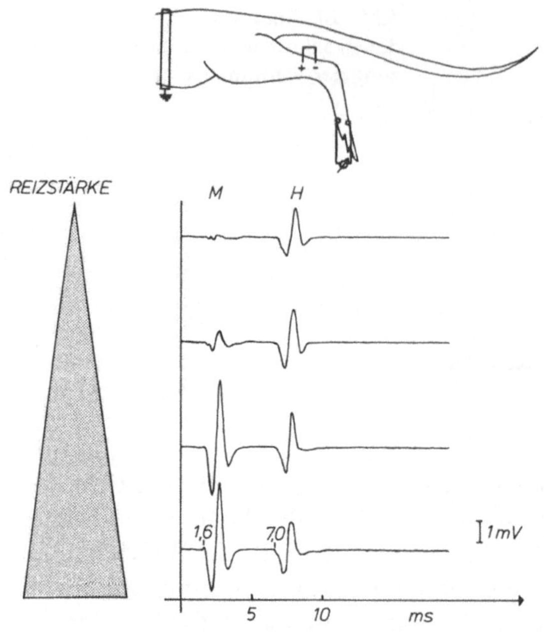

Abb. 11. Ableitung von M-Antwort (*M*) und H-Reflex (*H*) von den kleinen plantaren Fußmuskeln. Die Reizstärke nimmt von oben nach unten zu

der Ratte dagegen eignen sich besonders die kleinen plantaren Fußmuskeln der Hinterpfote nach Reizung des N. tibialis im Bereich der Achillessehne zur Ableitung eines H-Reflexes (Stanley 1981). Einige Besonderheiten unterscheiden ihn vom Verhalten des humanen H-Reflexes:

Bei der Ratte läßt sich selbst durch eine sehr hohe supramaximale Reizstärke der H-Reflex nicht vollständig unterdrücken (Abb. 11). Eine Erklärung dafür bietet sich in der hier andersartigen motorischen Versorgung der kleinen Plantarmuskeln an. Die kleinen Muskeln des Fußes erhalten bei der Ratte ihre motorische Versorgung nicht nur über Fasern des N. tibialis, sondern auch durch zusätzliche Zuflüsse vom N. suralis, der bei der Ratte auch motorische Fasern führt.

Insofern werden selbst bei supramaximaler Reizung des N. tibialis die motorischen Fasern des N. suralis nicht mitgereizt, so daß eine Kollision in diesen Fasern ausbleibt. Eine Rekrutierungskurve, wie sie für den Menschen aus der Amplitude von M-Antwort und H-Reflex aufgestellt werden kann, ist bei der Ratte daher nicht möglich (Abb. 12).

Mit steigendem Körpergewicht und wachsender Körpergröße nimmt die sensible und motorische NLG im N. tibialis kontinuierlich zu, so daß trotz zunehmender Länge des gereizten Nervenabschnittes vom Reizort bis zur Umschaltung am Rückenmark die absolute Latenzdifferenz zwischen M-Antwort und H-Reflex gleich bleibt (Stanley 1981) bzw. sich nur unwesentlich ändert. Bei einer Auswertung von H-Reflex-Messungen an 50 Tieren

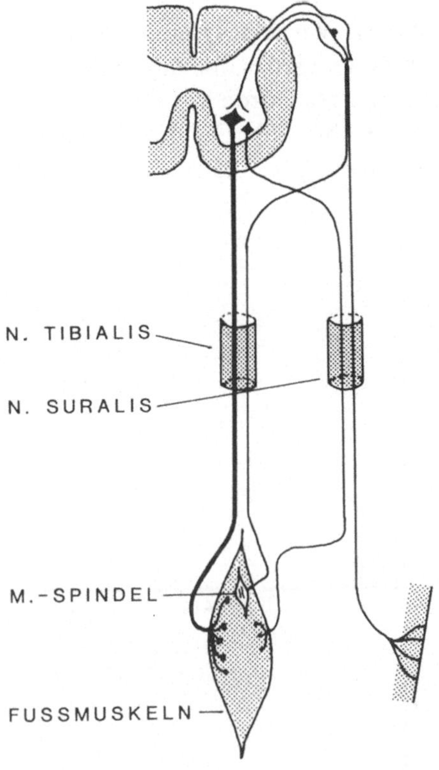

Abb. 12. Darstellung der motorischen Anastomose über den N. suralis zu den kleinen plantaren Fußmuskeln

betrug die distale Latenz zur M-Antwort durchschnittlich 1,68 ms ± 0,36 ms (2 SD) und die M-H-Latenzdifferenz 5,69 ms ± 0,60 ms (2SD).

Der Variabilitätskoeffizient für die M-H-Latenzdifferenz ist mit 5,24 % relativ hoch. Ursache dafür ist die in Relation zum gesamten Impulsweg große Strecke zwischen der Reizanode und -kathode. Die unipolaren Nadelelektroden werden einzeln eingestochen, wodurch der Abstand von etwa 1 cm nur ungefähr eingehalten werden kann.

Bei der Ratte ist der H-Reflex an eine bestimmte Reife gebunden. Lewis-Ratten mit weniger als 180 g Körpergewicht, d. h. weniger als acht Wochen Lebensalter, ließen einen H-Reflex meistens nicht auslösen, sondern statt dessen nur eine F-Welle. Grundsätzlich gilt, daß die F-Welle nur alternativ auftritt, d. h. nur dann, wenn ein H-Reflex nicht ausgelöst werden kann. Bei der Austestung der Reizdauer des applizierten Rechteckimpulses fand sich eine deutliche Abhängigkeit des Verhaltens des H-Reflexes. Nur mit Reizbreiten ab 0,2 ms ließ sich ein charakteristisches Rekrutierungsverhalten nachweisen.

Der H-Reflex ließ sich darstellen, ehe eine M-Antwort faßbar wurde. Mit Zunahme der Amplitude der M-Antwort wurde der H-Reflex zunächst kleiner, um später wieder deutlich anzuwachsen. Wurde bei bereits maximaler M-Antwort mit höherer Reizstärke weiter gereizt, sank die H-Reflex-Amplitude wieder ab. Bei Reizbreiten unter 0,2 ms wurde vor dem Auftreten eines H-Reflexes die M-Antwort sichtbar (Abb. 13). Für die H-Reflex-Messungen wurden deshalb Rechteckimpulse mit 0,5 ms Reizdauer gewählt.

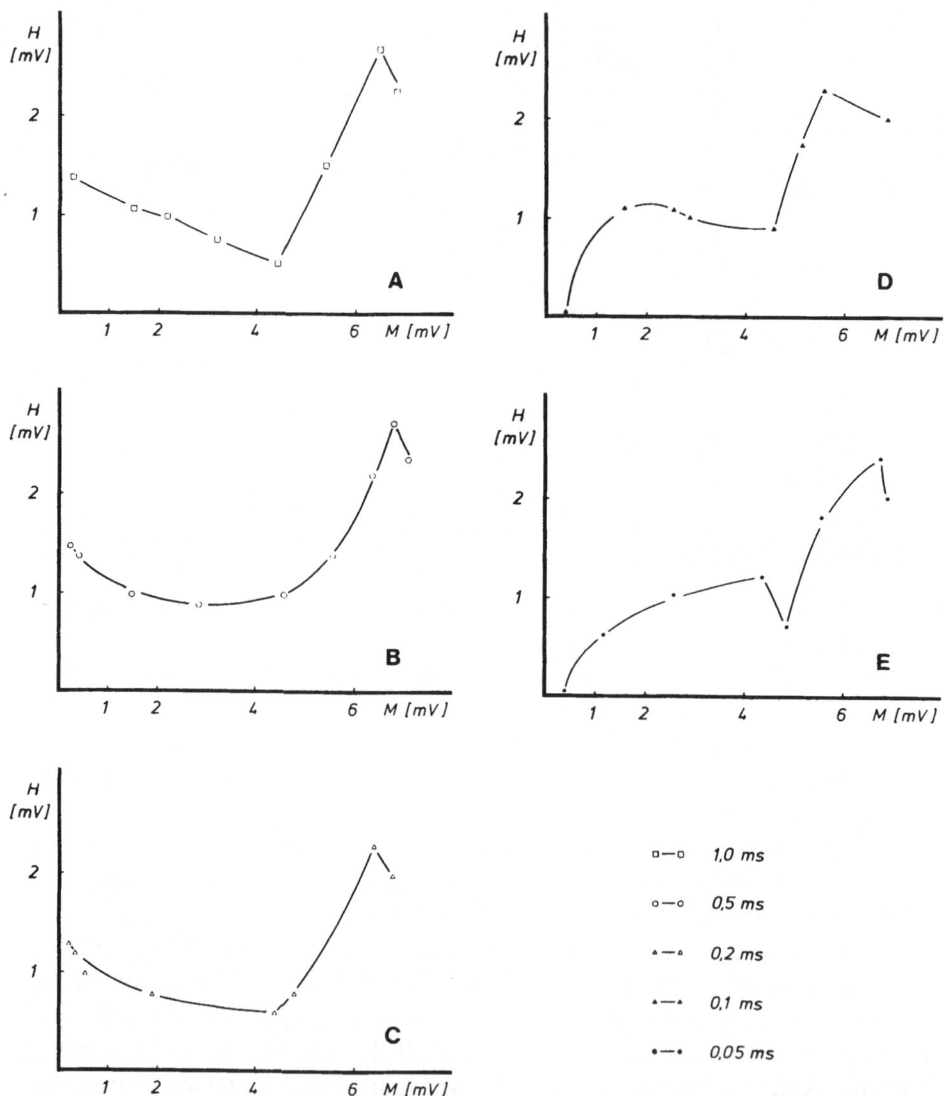

Abb. 13. H-Reflex der plantaren Fußmuskeln nach Stimulation des N. tibialis am Sprunggelenk. Amplitude von M-Antwort und H-Reflex in Abhängigkeit von der Reizdauer (*A* 1,0 ms, *B* 0,5 ms, *C* 0,2 ms, *D* 0,1 ms, *E* 0,05 ms)

24

4.2.2.2 F-Welle

Die F-Welle ist kein eigentlicher Reflex, sondern resultiert aus einer rekurrenten Impulswelle einzelner antidrom erregter Vorderhornzellen. Bei supramaximaler Reizung des Nerven läuft die Erregung nicht nur orthodrom zum Muskel, sondern auch antidrom zu Vorderhornzelle, wo unabhängig von ihrer peripheren Erregbarkeit und Leitgeschwindigkeit beim Menschen in etwa 1% eine Aktivierung ausgelöst wird, die sich als F-Welle in dem zugehörigen Muskel registrieren läßt (Kimura et al. 1984). Die Streubreite der Latenzen, die Variation der Form und Amplitude ist wegen der unterschiedlich erregten Motoneuronen relativ groß. Die Latenzen eignen sich nur bedingt zur Messung der motorischen Nervenleitgeschwindigkeiten, erlauben jedoch als Absolutwerte bei Verlaufsuntersuchungen eine Aussage insbesondere über proximale Läsionen. Es werden die jeweils minimalen Latenzen von acht F-Wellen miteinander verglichen, die durch repetitive Reizung ausgelöst worden sind. Die F-Wellen unterscheiden sich in einigen wesentlichen Charakteristika vom H-Reflex. Der H-Reflex erscheint oft bereits bei motorisch unterschwelliger, mindestens aber submaximaler Reizung mit jeweils gleichbleibender Latenz und Form bei repetitiver Reizung mit weniger als 0,5/s Reizfrequenz.

Zur Auslösung der F-Welle sind in der Regel supramaximale Reizstärken nötig. In Ratten mit einem Körpergewicht unter 180 g läßt sich meist noch kein H-Reflex auslösen, immer aber bereits eine F-Welle. Die Latenzdifferenz zwischen M-Antwort und F-Welle liegt im Durchschnitt bei 6,08 ms mit einer Standardabweichung von 0,38 ms. Sie ist erwartungsgemäß etwas länger als die M-H-Latenzdifferenz, da selbst schnelle motorische Fasern lang-

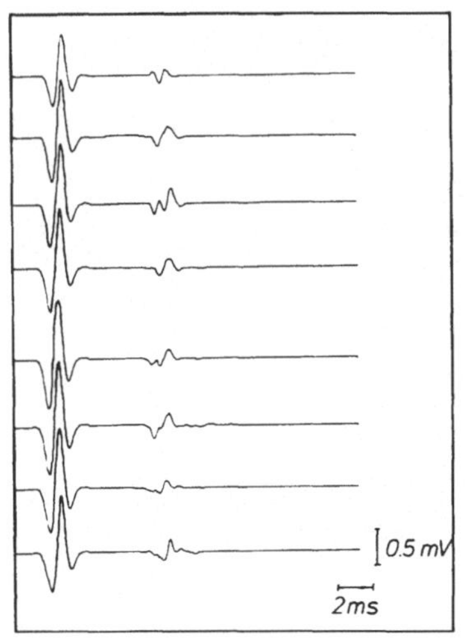

Abb. 14. Darstellung von F-Wellen nach 2mal 4 konsekutiven Reizungen. Beachte die im Vergleich zur M-Antwort sehr kleine Amplitude und deren wechselnde Form des Potentials mit offenbar teilweise asynchronem Eintreffen der rekurrenten Impulse an der Muskelmembran

25

samer leiten als die schnellen Ia-Spindelafferenzen des H-Reflexes. Die bei
der F-Welle geringfügig höhere Standardabweichung spiegelt nur teilweise
die Variationsbreite der F-Wellen-Latenz wider. Die Anzahl der motorischen
Vorderhornzellen, die bei der Ratte die F-Wellen-Aktivität darstellen, über-
steigt bei weitem die beim Menschen ermittelten 1 % der gereizten Gesamt-
population motorischer Fasern. Die F-Wellen-Amplitude kann immerhin bis
zu 10 % und mehr der Amplitude der M-Antwort erreichen (Abb. 14).

4.2.2.3 Fluchtreflex

Nach supramaximaler Reizung des N. tibialis läßt sich ein polysynaptischer
Fremdreflex mit wechselnder Latenz auslösen, der am ausgeprägtesten von
den Rückenmuskeln abgeleitet werden kann (Abb. 15). Durch tiefe Narkose läßt er sich zum Verschwinden bringen. Er wird an einer Kontraktion
der Rückenmuskulatur sichtbar, so als ob die Ratte entsprechend einem
komplexen Reflexmuster zum Sprung ansetzen wollte. Die Latenzen variie-
ren interindividuell zwischen 16 und 20 ms bei Ableitung aus den Rückenmuskeln, sind aber für das einzelne Individuum in verschiedenen Ableitungen relativ stabil. Zur elektrophysiologischen Beurteilung der Nervenfunk-
tion eignet sich diese Messung nicht, kann aber die Ableitung der SEP's
dadurch empfindlich stören, daß die systemintegrierte Artefaktunterdrük-
kung bei der Aufsummierung der Einzelpotentiale die Aufzeichnung komplett unterdrückt, wenn die relativ hochamplitudigen Reflexpotentiale auftreten.

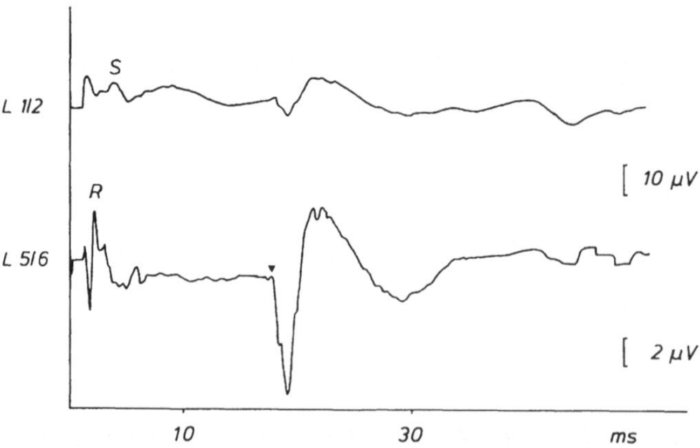

Abb. 15. Aufzeichnung des Fluchtreflexes bei spinaler Elektrodenlage über $L_{1/2}$ und
$L_{5/6}$. Die Markierung bei 17,9 ms zeigt den Beginn des Fluchtreflexes (*S* S-Antwort, *R*
R-Antwort)

26

4.2.3 Somatosensorisch evozierte Potentiale (SEP) des N. tibialis

4.2.3.1 Anatomische Vorbedingungen

Bei der elektrischen Reizung zwischen Archillessehne und Tibia werden bei
der Ratte neben den Rami plantares mediales und laterales, beide Äste des
N. tibialis posterioris, auch Äste des N. saphenus und des N. suralis erregt.
Der N. tibialis bewirkt die Plantarflexion der kleinen Zehen. Nach Peyronnard u. Charron (1982) erhält der Ramus plantaris lateralis über eine
Anastomose Zuflüsse vom N. suralis, der bei der Ratte auch motorische
Fasern führt. Gelegentlich wird statt der Plantarflexion sämtlicher Zehen
eine reine Kleinzehenabduktion beobachtet, die als Folge einer Reizung die-
ser Anastomose zu werten ist. Motorische und sensible Anteile des N. suralis und des N. tibialis posterior werden vornehmlich von den Vorder- und
Hinterwurzeln L_5 mit geringer Variationsbreite (Rodin et al. 1983) versorgt.
Diese Befunde sind in von Peyronnard u. Charron (1982) durch Einsatz von
Meerrettichperoxidase als Tracer belegt. Die segmentale radikuläre Zuordnung ist damit ausreichend gesichert. Für die Ableitung spinaler SEP's ist es
darüber hinaus notwendig, die spinalen Rückenmarksegmente lokalisato-
risch entsprechenden Wirbelsäulenabschnitten, an denen man sich problemlos bei der Ableitung orientieren kann, zuordnen zu können. Die bei
Mensch und Ratte nachweisbare Aszension des Rückenmarkes in der Onto-
genese, die das spinale Rückenmarksniveau von der Wurzeleintrittshöhe
abrücken läßt, ist bislang bei der Ratte nur nach rein morphologischen,
makroskopischen Befunden lokalisiert worden (Waibl 1973). Danach
beträgt der intradurale Verlauf der Wurzel L_5 etwa 40 mm, ehe das zugehö-
rige Rückenmarksniveau in Höhe LWK_1 erreicht wird.

Um eine exakte topische Zuordnung für die elektrophysiologischen
Bedürfnisse zu gewährleisten, wurden die Befunde mit Tracermethoden
gesichert (zusammen mit C.W. Zimmermann).

Nach Injektion der Tracersubstanz Meerrettichperoxidase (Sigma Typ VI
20% ig) in den durchtrennten N. tibialis entsprechend der „Pool-Methode"
nach Mense (1982) und anschließender Anfärbung mit Hilfe von Tetrame-
thylbenzidin (Mesulam 1978, 1982) in Stufenschnitten, lassen sich die zugehörigen spinalen Neurone — vorwiegend Motoneurone — im Gewebe-
schnitt histochemisch lokalisieren.

Bei der Ratte können die meisten mit Meerrettichperoxidase angereicherten Vorderhornneurone in den Rückenmarkschnitten ausgezählt werden, die dem Wirbelsäulenniveau zwischen den Dornfortsätzen L_1 und L_2
entsprechen (Abb. 16). Das bedeutet, das Rückenmarkssegment der Wurzeln L_5 und L_6 liegt in Höhe der Dornfortsätze $L_{1/2}$. Es ist zu erwarten, daß
Hinterhornneurone identischer Wurzelsegmente in der gleichen Höhe lokalisiert werden können. Die Darstellung der Hinterhornneurone selbst ist

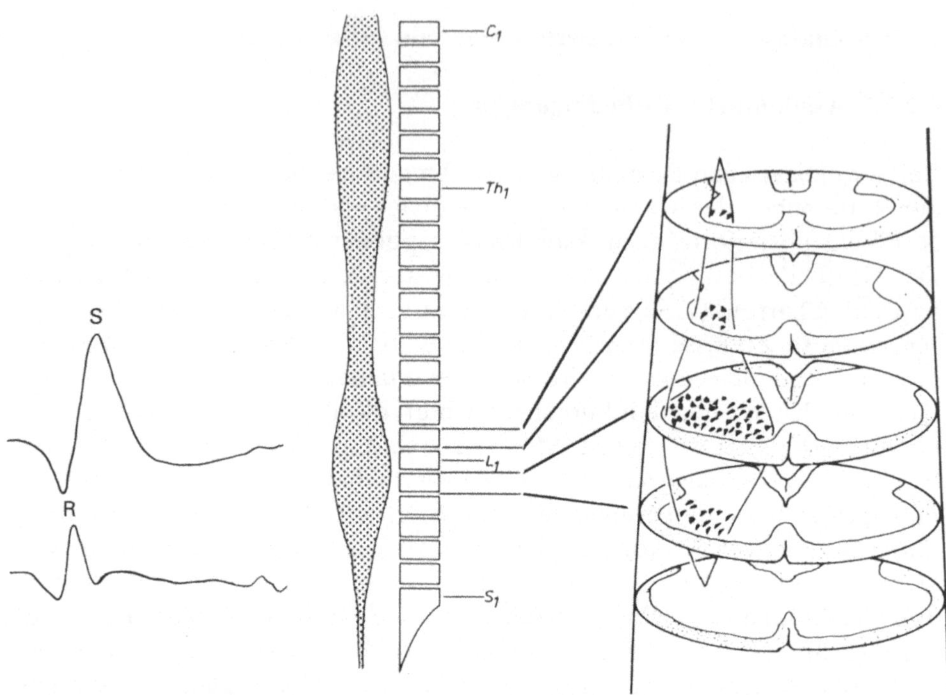

Abb. 16. Halbschematische Darstellung der peroxidase-positiven Vorderhornzellen in verschiedenen Rückenmarksabschnitten. L_1 und S_1 entspricht jeweils dem Rückenmarksabschnitt in Höhe des ersten Lenden- bzw. Sakralwirbels. Daneben die über den entsprechenden Segmenten abgeleiteten spinalen SEP's

jedoch schwierig, da sich die in den sensiblen Fasern zentripetal transportierte Meerrettichperoxidase in den Spinalganglien L_5 anreichert und zentralwärts nur geringfügig weitertransportiert wird.

4.2.3.2 Zur Methode und Beschreibung der Potentiale

Somatosensorisch evozierte Potentiale wurden simultan mit subkutan plazierten Platinelektroden zwischen den Dornfortsätzen $L_{5/6}$ und $L_{1/2}$, teilweise auch zwischen $Th_{12/13}$, $L_{2/3}$, $L_{3/4}$ und $L_{4/5}$ abgeleitet. Eine über dem Bekkenkamm kontralateral zur Stimulation lokalisierte Elektrode diente als Referenz. Mit einer Filtereinstellung von 10–2000 Hz wurden mit einer Reizfrequenz von 3 Hz 32–128 Reizantworten mittels Averager aufsummiert. Die Reizstärke wurde so gewählt, daß gerade eine deutliche Plantarflexion der Zehen sichtbar war, ein Fluchtreflex der Rückenmuskulatur aber noch ausblieb. Bei der elektrischen Stimulation des N. tibialis im Bereich der Ferse lassen sich vom lumbalen Rückenmark somatosensibel Reizantworten ableiten, die durch eine komplexe Aufeinanderfolge von Potentialschwankungen charakterisiert sind. Die Komplexität der Potentialformen ergibt sich aus der Überlagerung von Potentialen unterschiedlicher räumlicher Orientierung, die auf dem Wege der Erregungsausbreitung an verschiedenen Stellen generiert werden. Potentiale können in fixen Generatoren durch synaptische Verschaltungen einlaufender Impulse entstehen oder als fortlaufende Impulswelle über Leitungsstrukturen abgegriffen werden. Polarität und Ausbreitung bestimmter SEP-Komponenten hängen dabei von der Plazierung der Ableitelektroden und der Wahl des Referenzortes ab. Höher gespannte Potentiale lassen sich vor allem mit Ableitelektroden erfassen, die nahe dem Ursprungsort der Potentiale angelegt werden. Weiter entfernt liegende Generatoren lassen sich durch kleinere, volumengeleitete „Far-field-Potentiale" erkennen (Wiethölter et al. 1985).

Bei Ableitungen über den thorakolumbalen Wirbelsäulenabschnitten läßt sich eine Folge von Reizantworten evozieren, die von kaudal nach kranial in charakteristischer Weise ihre Form ändern (Abb. 17).

Zwischen den Dornfortsätzen $L_{5/6}$ abgeleitet folgt einer scharfen positiven Vorwelle ein negativer Gipfel, der von einer positiven Nachwelle gefolgt wird. Ein zweiter negativer Gipfel geht häufig in dieser positiven Nachwelle unter. Unter Reizbedingungen, die zu einer guten Ausprägung des H-Reflexes an den kleinen Fußmuskeln führen, läßt sich ein dritter negativer Gipfel evozieren (s. dazu 4.2.3.5).

Nach Magladery et al. (1951) wird beim Menschen der erste negative Gipfel als R-Antwort (dorsal *Root* response), der zweite als volumengeleitete S-Antwort (*Spinal* cord response) und der dritte als A-Welle (*Anterior* root response) bezeichnet.

Weiter kranial läßt sich die R-Antwort mit zunehmender Latenz bis $L_{1/2}$ nachweisen, wo sie mit der höher gespannten S-Antwort zu einem Gipfel verschmilzt und ein triphasisches Potential bildet. Die Form dieser Reizantwort bei $L_{1/2}$ ist abhängig von der Intensität des Stimulus. Im aufsteigenden Schenkel des Potentials läßt sich bei geringer Reizstärke ein Zwischengipfel

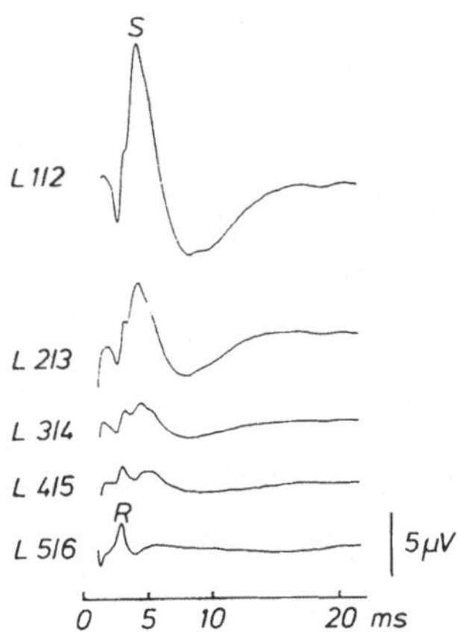

Abb. 17. Spinale SEP's, abgeleitet über verschiedenen Wirbelsäulenabschnitten (*R* R-Antwort, *S* S-Antwort)

29

identifizieren, der mit zunehmender Intensität des Reizes zum Hauptgipfel wird, während der vorherige Hauptgipfel nur noch als Schulter im absteigenden Schenkel erscheint (Abb. 17).

Die S-Antwort deutet sich als niedriger negativer Gipfel regelmäßig über $L_{3/4}$, gelegentlich auch bereits über $L_{4/5}$ und $L_{5/6}$ an, nimmt dann rostralwärts erheblich an Amplitude zu. Die simultane segmentale Ableitung zeigt, daß die Potentiale über $L_{1/2}$ und $L_{5/6}$ am besten abgrenzbar sind und weniger Latenz- und Formvariationen unterliegen. Sie dienten als Grundlage der Gesamtmessungen.

4.2.3.3 Abhängigkeit von Reiz- und Ableitebedingungen

Eine grundsätzlich gültige Standardisierung von SEP-Untersuchungen ist bislang noch nicht erreicht, für tierexperimentelle Untersuchungen weniger noch als für Messungen am Menschen. Es ist daher notwendig, bei jeder Methodenbeschreibung die Abhängigkeit von Reizparametern wie Reizstärke, Reizdauer, Reizfrequenz und von Ableitebedingungen wie Filterwahl, Temperatur und Narkose zu definieren und dementsprechend die Bedingungen festzulegen, unter denen die Messungen vorgenommen werden.

4.2.3.3.1 Abhängigkeit von der Reizstärke
Die Reizstärke wurde in den Versuchen so gewählt, daß eine Muskelantwort in den abhängigen kleinen plantaren Fußmuskeln gerade erkennbar war. Bei Lage der Reizelektroden nahe dem Nerven war eine geringere Reizstärke

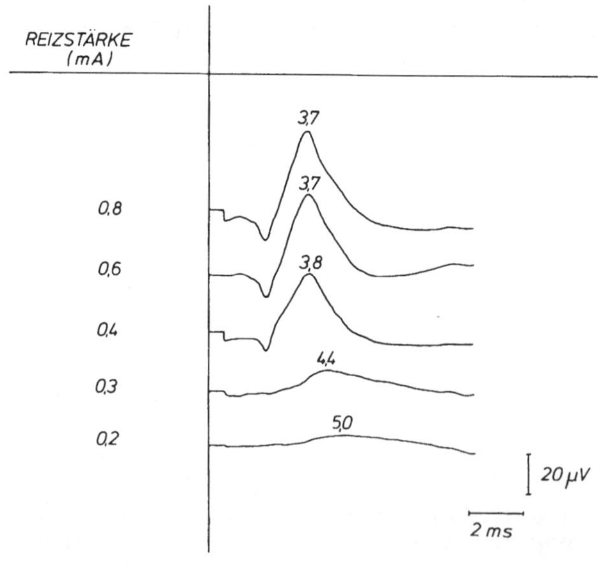

Abb. 18. Abhängigkeit der SEP's über $L_{1/2}$ von der Reizstärke. Die Latenzen zum negativen Peak (S-Antwort) sind jeweils eingetragen

notwendig als bei größerer Distanz zwischen Elektrode und Nerv. Meistens reichte eine Reizstärke von 0,6–0,8 mA gut aus, um eine zufriedenstellende Reizantwort über Conus und Cauda und eine gerade gut erkennbare Muskelantwort zu erreichen. Eine weitere Steigerung der Reizstärke erlaubte in der Regel keine weitere Amplitudenzunahme oder Latenzverkürzung der evozierten Potentiale, sondern verstärkte die Einstreuung von Reizartefakten und Muskelpotentialen der reflektorisch angespannten Rückenmuskeln (Abb. 18.).

4.2.3.3.2 *Abhängigkeit von der Reizdauer*

Es wurde eine Reizdauer von 0,5 ms gewählt, da sich gezeigt hatte, daß damit der H-Reflex und demzufolge die A-Antwort ihre beste Ausprägung aufwiesen (s. auch 4.2.3.5.3).

4.2.3.3.3 *Abhängigkeit von der Reizfrequenz*

Bei der Wahl der Reizfrequenz steht die Güte der Ausprägung der Potentiale bei geringer Reizfrequenz von z. B. 0,2 Hz dem Bedürfnis entgegen, die Messungen mit vertretbarem Zeitaufwand durchzuführen. Für R- und S-Antwort läßt sich die Reizfrequenz bis 3 Hz ohne Amplitudenverlust oder Latenzzunahme steigern, während die A-Antwort nur bei einer Frequenz unter 0,5 Hz eine optimale Aufsummierung erlaubt (Abb. 37).

4.2.3.3.4 *Abhängigkeit von der Wahl der Filter*

Die Form der evozierten Potentiale hängt ganz wesentlich von der Auswahl der eingesetzten Filter ab (Campbell u. Leandri 1984). Die Wahl verschiedener Filterkombinationen hatte auf die Form der R-Antwort über $L_{5/6}$ wenig Einfluß (Abb. 19). Bei einer oberen Reizfrequenz von 3000 und mehr Hz fand sich eine Einstreuung von störenden Muskelartefakten. Bei Ableitung über $L_{1/2}$ waren die Potentiale am besten bei einer oberen Grenzfrequenz ab 2000 Hz ausgeprägt (Abb. 20). Als brauchbarer Kompromiß zwischen Ausprägung und Artefakteinstreuung wurde eine Bandpaßfilterung von 10–2000 Hz gewählt.

4.2.3.3.5 *Abhängigkeit von der Temperatur*

Der Einfluß der Temperatur auf die Nervengleitgeschwindigkeit ist bekannt (s. 4.2.1). Bei der Messung spinaler SEP's spielt die Umgebungstemperatur offensichtlich eine nur untergeordnete Rolle. Sukzessive SEP-Untersuchungen jeweils nach 10minütiger Adaption an eine durch Heizstrahler vorgegebene Umgebungstemperatur läßt von 26–34°C nur eine geringfügige Latenzveränderung der einzelnen Potentiale erkennen. In diesem Temperaturbereich wird durch Autoregulation die Kerntemperatur offenbar sehr konstant gehalten und läßt sich nur mit höherer Umgebungstemperatur effektiv steigern (Abb. 21).

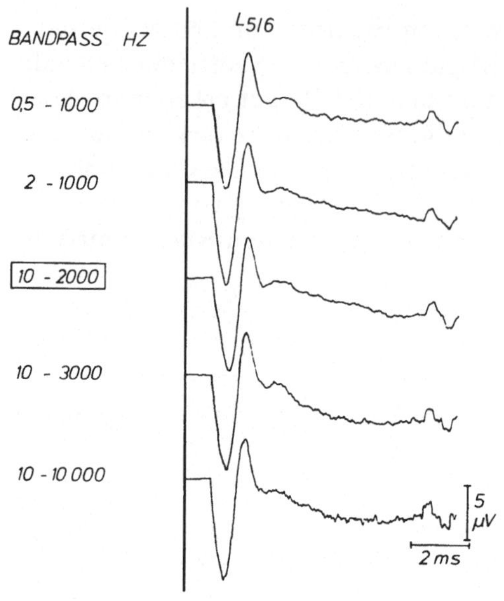

Abb. 19. SEP über L$_{5/6}$, abgeleitet unter verschiedenen Filtereinstellungen

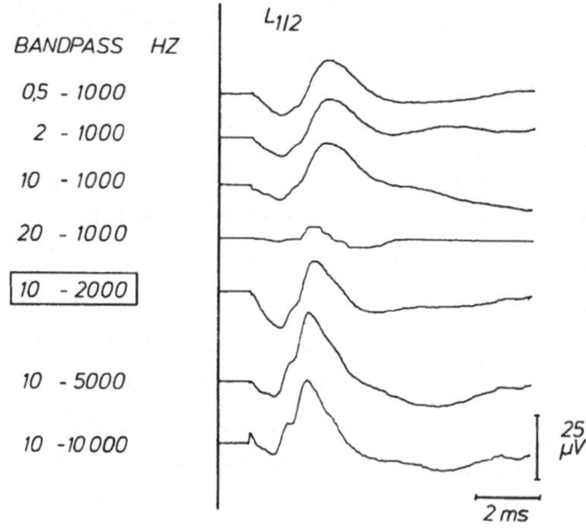

Abb. 20. SEP über L$_{1/2}$, abgeleitet unter verschiedenen Filtereinstellungen

In den vorliegenden Untersuchungen wurde regelmäßig eine Umgebungstemperatur von 32 °C mit einem Temperaturregler und einem Infrarotstrahler eingehalten.

4.2.3.3.6 Abhängigkeit von der Narkose

Schwartz et al. (1962) haben die Depression kortikaler SEP's durch Pentobarbital nachgewiesen. Die gewählten Dosen waren allerdings unvergleichlich höher als die von uns eingesetzten. Die Abhängigkeit gilt außerdem weniger für frühe als vielmehr für die späten kortikalen Potentiale.

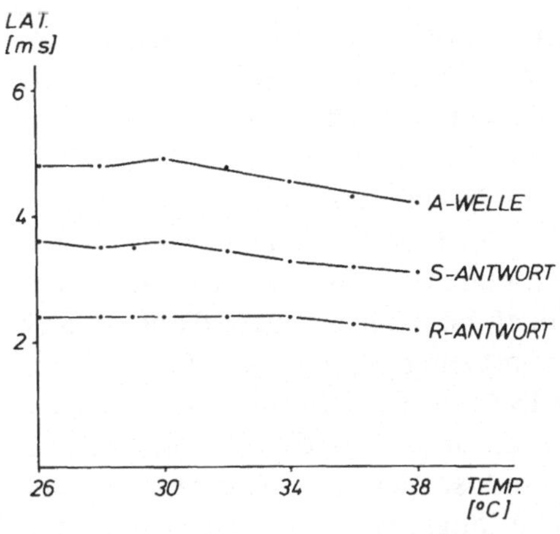

Abb. 21. Temperatureinfluß auf die Latenzen einzelner spinaler Potentiale. Die SEP's wurden nach jeweils 10minütigem Temperaturausgleich gemessen

4.2.3.4 Untersuchungen zum Ursprung der Potentiale

Der Ursprung der beschriebenen Potentiale ist bisher nicht unumstritten, so daß eine Klärung der Generatoren der einzelnen Komponenten wichtig ist. Entsprechend unseren anatomischen und physiologischen Erkenntnissen über das somatosensible System lassen sich für die Entstehung von Potentialen verschiedene Strukturen diskutieren:

a) dicke, markhaltige sensible Nervenfasern der Gruppen I und II im peripheren Nerven,
b) Hinterwurzeln mit zentralen Neuriten der pseudobipolaren Ganglienzellen (Cauda equina),
c) Hinterhornneurone (Conus medullaris),
d) Hinterstränge.

Die Zuordnung von Antwortpotentialen zu ihren Generatoren gelingt durch Beobachtung spezifischer Verhaltensweisen auf frequente Reizung, Doppelreize, Medikamente mit Neurotransmitterfunktion und ischämische Bedingungen.

4.2.3.4.1 Verhalten nach Doppelreizen
Nach Wiederholt (1978) nimmt die Refraktärzeit, d. h. die Zeit, die Axon oder Soma einer Nervenzelle nach einem konditionierenden Reiz für einen Folgereiz unerregbar, also refraktär sind, entsprechend der Anzahl der zwischengeschalteten Synapsen zu.
Eine derartige Phase der Unerregbarkeit — meist als absolute Refraktärzeit angegeben — ist gefolgt von einer Phase der Untererregbarkeit, der relativen Refraktärzeit (Adrian 1921). Refraktärzeiten werden je nach Untersuchungsverfahren anhand der Änderung von Latenz und Amplitude

der Folgeantwort bestimmt. Da nicht nur einzelne Neurone, sondern Bündel von Nervenfasern und Systeme von Neuronenverbänden mit jeweils unterschiedlichen Refraktärzeiten vermessen werden, lassen die Bestimmungen nur Summationseffekte erkennen.

Nach Applikation von Doppelreizen am N. tibialis und Ableitung der spinalen SEP's läßt sich bei der Ratte über $L_{5/6}$ eine Abhängigkeit erkennen, die in Abb. 22 dargestellt ist. Die Bestimmung der absoluten Refraktärzeit, die unter 1 ms Interstimuluszeit (ISZ) liegt, ist nicht möglich, da die relativ breiten Aktionspotentiale eine klare Abgrenzung eng beieinanderliegender Einzelpotentiale nicht zulassen. Bei der ISZ von 1 ms bis mindestens 2,4 ms ist das zweite Antwortpotential deutlich deformiert und amplitudengemindert. Man erkennt bei kurzen Interstimuluszeiten eine Auftrennung der schneller leitenden Gruppe-I-Fasern. Die langsameren Fasern zeigen eine ausgeprägtere Reduktion ihrer Amplitude während der frühen relativen Refraktärzeit als die schnellen Fasern. Nach Waxman (1981) ist die absolute und relative Refraktärzeit langsamer Fasern länger als die schneller Fasern.

Bei Ableitung über $L_{1/2}$ (Abb. 23) ist die absolute Refraktärzeit ebenfalls nicht bestimmbar, da die hier evozierte S-Antwort noch breiter als die über $L_{5/6}$ evozierte R-Antwort ist. Das Folgepotential ist insbesondere bei einer Interstimuluszeit von 2–2,5 ms deutlich deformiert und läßt sich in drei einzelne Komponenten aufteilen. Die Zuordnung dieser einzelnen Komponenten ist bislang keineswegs klar. Vermutlich sind die bei einer Interstimuluszeit von 2 ms hervortretenden Gipfel bei 4,8 ms und 5,4 ms proximalen Wur-

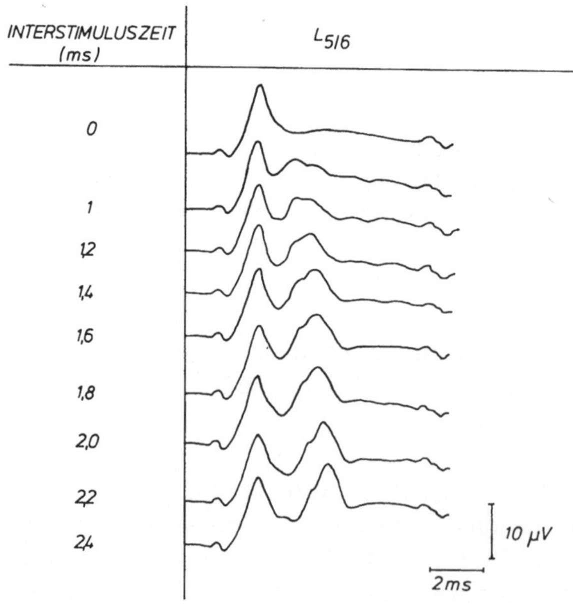

Abb. 22. Spinales SEP über $L_{5/6}$ nach Doppelreizung mit unterschiedlichen Interstimulusintervallen

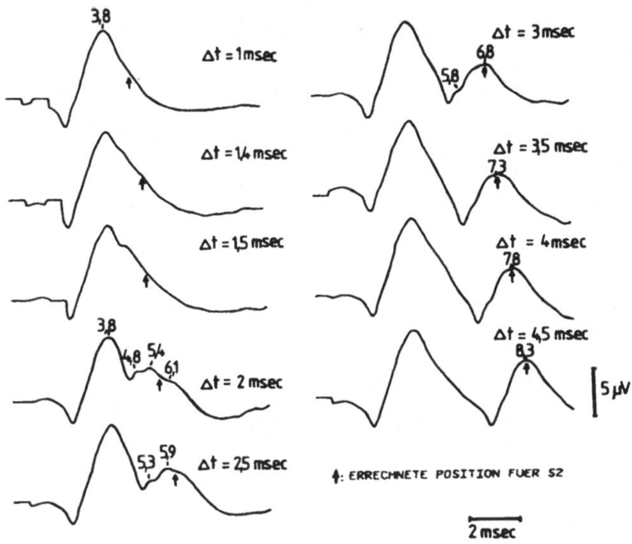

Abb. 23. Spinales SEP über $L_{1/2}$ nach Doppelreizung mit unterschiedlichen Interstimulusintervallen. Die errechnete Position für die Antwort auf den zweiten Reiz ist jeweils markiert (*Pfeile*)

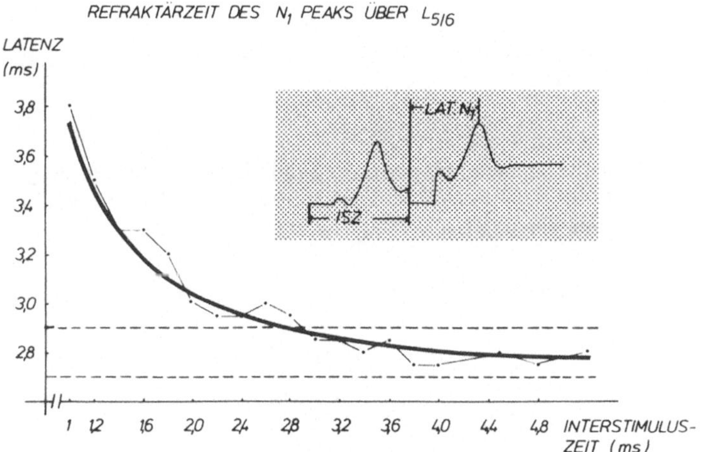

Abb. 24. Latenzen des SEP's über $L_{5/6}$ nach Doppelreizung. Die Latenzen für die Folgeantworten sind in Abhängigkeit von der Interstimuluszeit aufgezeichnet. Der Normalbereich ist durch die gestrichelte Linie eingegrenzt

zelafferenzen zuzuordnen, die den schnellen und langsamen Typ-I- und -II-Fasern entsprechen, wie sie bereits bei der Doppelreizung über $L_{5/6}$ differenzierbar waren. Der dritte Gipfel ist deutlich länger refraktär und entspricht vermutlich der eigentlichen S-Antwort.

Die unterschiedlichen Refraktärzeiten von R- und S-Antwort werden deutlich, wenn die Verzögerung der Latenzzeiten zur Beurteilung des Refraktärverhaltens herangezogen wird. Die relative Refraktärzeit für R (entsprechend N_1 in der Abb. 24) über $L_{5/6}$ liegt bei 2,6–2,8 ms Interstimuluszeit.

Die relative Refraktärzeit von S über $L_{1/2}$ liegt bei etwa 3,0–3,2 ms (Abb. 25). Die Verlaufskurve der Latenzen des vorzeitigen Peaks über $L_{1/2}$, der als Schulter im aufsteigenden Schenkel der S-Antwort gut in der Erstantwort zu erkennen ist, hat ein identisches Refraktärverhalten wie die R-Antwort über $L_{5/6}$ (Abb. 26).

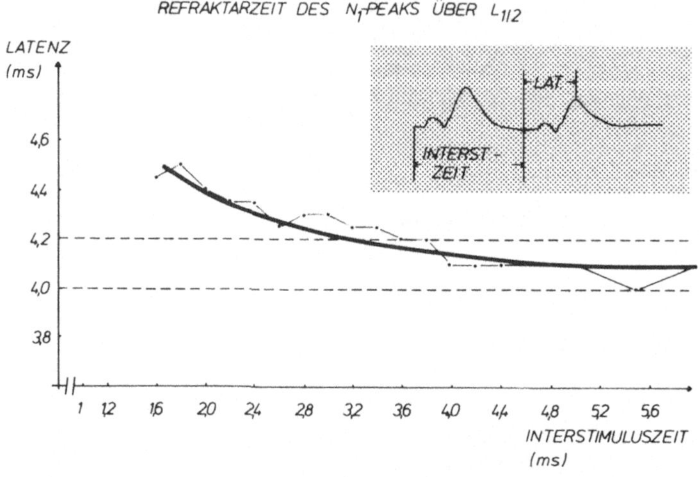

Abb. 25. Latenzen der SEP's über $L_{1/2}$ nach Doppelreizung. Die Latenzen für die Folgeantworten sind in Abhängigkeit von der Interstimuluszeit aufgezeichnet. Der Normalbereich ist durch die gestrichelte Linie eingegrenzt

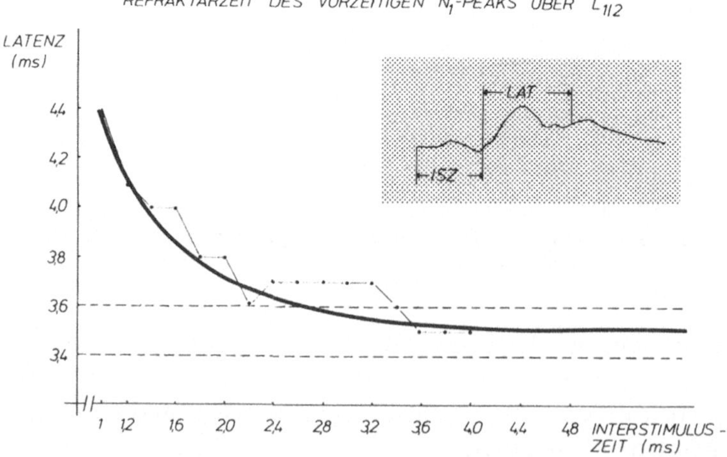

Abb. 26. Latenzen der SEP's über $L_{1/2}$ nach Doppelreizung. Es sind die Latenzen des vorzeitigen Peaks für die Folgeantworten in Abhängigkeit von der Interstimuluszeit aufgezeichnet. Der Normalbereich ist durch die gestrichelte Linie eingegrenzt

Bei Betrachtung der Amplituden unter Doppelreizung werden die Unterschiede im Verhalten von R- und S-Antwort deutlicher. Die R-Antwort des Folgereizes (entsprechend N_1' in der Abb. 27) über $L_{5/6}$ erreicht die Amplitude ihrer Vorantwort bereits bei einer Interstimuluszeit von 6 ms komplett. Die S-Antwort (N_1' über $L_{1/2}$ der Abb. 28) erreicht nach raschem Amplitudenanstieg bis zu einer Interstimuluszeit von etwa 7 ms ein Plateau, die zur Primärantwort identische Amplitude aber erst nach mehr als 90 ms Interstimuluszeit.

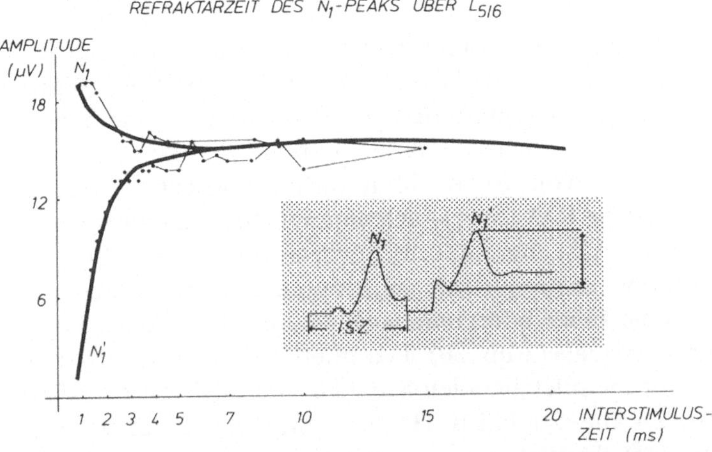

Abb. 27. Amplituden der SEP's über $L_{5/6}$ nach Doppelreizung. Die Amplituden der Folgeantwort sind in Abhängigkeit von der Interstimuluszeit aufgezeichnet

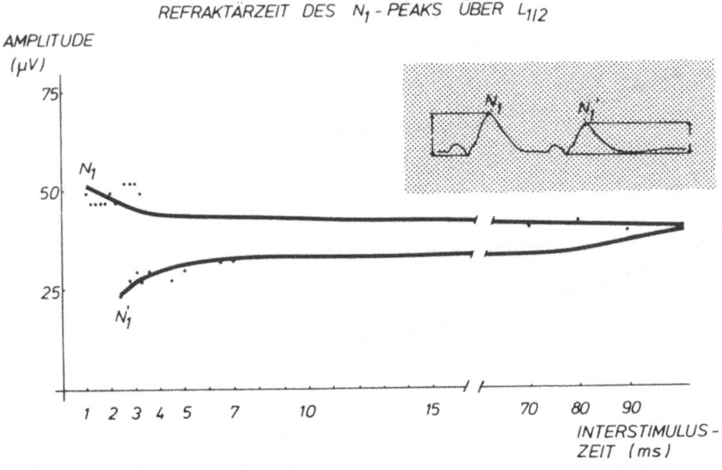

Abb. 28. Amplituden der SEP's über $L_{1/2}$ nach Doppelreizung. Die Amplituden der Folgeantworten sind in Abhängigkeit von der Interstimuluszeit aufgezeichnet

37

4.2.3.4.2 *Verhalten nach frequenten Impulsserien*

Die Informationsübermittlung in den Nervenfasern erfolgt in frequenzmodulierter Form. Amplituden und Dauer der in einzelnen Fasern fortgeleiteten Nervenaktionspotentiale bleiben konstant. Durch Änderung des Intervalls zwischen Nervenaktionspotentialen und ihrer Anzahl erfolgt eine Kodierung, die ihre Grenzen in der Phase der Refraktärperiode findet.

Bei Katzen ist mit Tiefenableitungen nachgewiesen worden, daß die Fähigkeit, rasch aufeinander folgende Impulse zu übermitteln, davon abhängt, wie viele Synapsen zwischen Reizort und Generator eines bestimmten Potentials erregt werden müssen (Wiederholt 1978; Meyer-Hardting et al. 1983).

In jeweils unterschiedlichem Ausmaß mindert eine hochfrequente Reizung die Amplitude oder verzögert die Latenz der synaptisch verstärkten Potentiale. Beim Vergleich der Amplituden der S-Antwort ($L_{1/2}$) und der R-Antwort ($L_{5/6}$) zeigt die erhebliche Amplitudenminderung der S-Antwort schon bei Reizfrequenzen von 10 Hz ihren postsynaptischen Ursprung, wogegen die präsynaptische R-Antwort nach anfänglicher Fazilitation bis zu 10 Hz in voller Höhe der Ausgangsamplitude evoziert wird (Abb. 29).

Die Reizung mit höheren Frequenzen führt durch den unterschiedlichen Einfluß auf verschiedene Einzelpotentiale auch zu einer Formänderung des zusammengesetzten Potentials (Abb. 30). Das mit 0,2 Hz Reizung evozierte Potential über $L_{1/2}$ läßt im aufsteigenden Schenkel nur eine gerade erkennbare Schulter darstellen, die sich bei 10 Hz durch die Amplitudenreduktion des Gipfels (S-Antwort) deutlicher als eigener Peak abgrenzen läßt. Die Latenz nimmt dabei von 3,6 ms auf 3,9 ms zu.

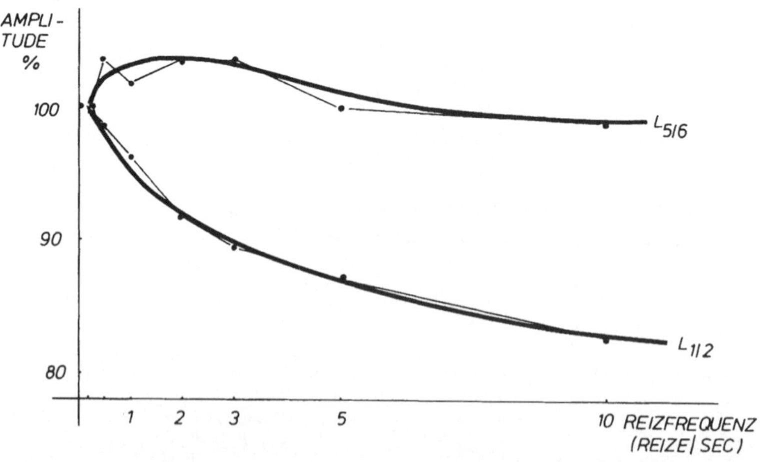

Abb. 29. Abhängigkeit der Amplituden der SEP's von der Reizfrequenz. Die Amplitude nach Reizung mit 0,2 Hz wurde als 100 % angenommen

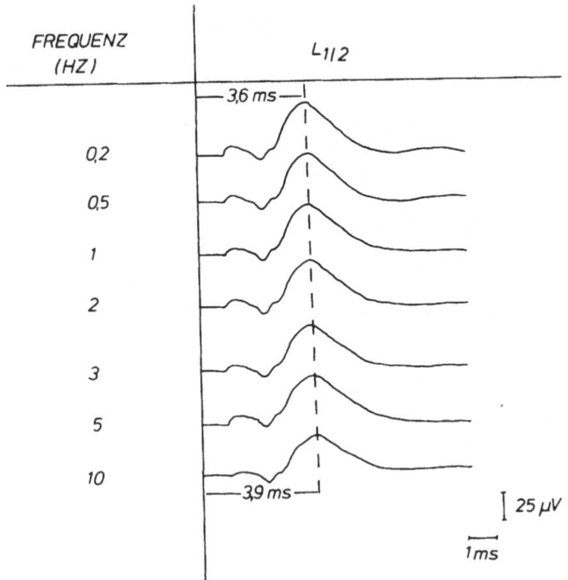

Abb. 30. Darstellung einzelner SEP's (L1/2) nach Reizung mit unterschiedlichen Frequenzen. Die Latenzzunahme nach höherfrequenter Reizung ist gering

4.2.3.4.3 Terminale Anästhesie

Die Untersuchung evozierter Potentiale unter terminaler Anästhesie mit einer sicher letalen Narkose macht sich die Erfahrung extremer Empfindlichkeit neuronaler Synapsen auf eine Anoxie zunutze (Allison u. Hume 1981). Ableitungen über $L_{5/6}$ und $L_{1/2}$ zeigen charakteristische Formveränderungen der Potentiale, meßbar bereits weniger als 1 min nachdem die elektrophysiologisch kontrollierte Atmungsaktivität erloschen ist. (Abb. 31). Über $L_{5/6}$ kommt es zunächst zu einer leichten Latenzverzögerung innerhalb der ersten 8 min, die vermutlich auf die rasche postmortale Abkühlung insbesondere in der gereizten Extremität zurückzuführen ist. Temperaturerniedrigung geht mit einer zeitlichen Dispersion der Potentiale einher (Cummins et al. 1981). Dabei sind die langsamen Fasern empfindlicher als die schnellen. Dementsprechend ist auch die Amplitude in den langsameren Potentialanteilen stärker erniedrigt als in den frühen. Die frühen Potentialanteile sind mit zunehmender Latenz und abfallender Amplitudenhöhe bis etwa 30 min nach erloschener Atmung noch zu registrieren.

Sehr viel früher, bereits nach weniger als 1 min, verliert das über $L_{1/2}$ evozierte Potential den Anteil, der als interneuronal-synaptisch verstärkte S-Antwort betrachtet werden muß. Es bleibt die R-Antwort als kleines frühes Potential (Abb. 32). Geometrische Subtraktion der postmortalen R-Antwort von dem prämortalen Summenpotential aus R- und S-Antwort läßt die eigentliche Form der S-Antwort erkennen.

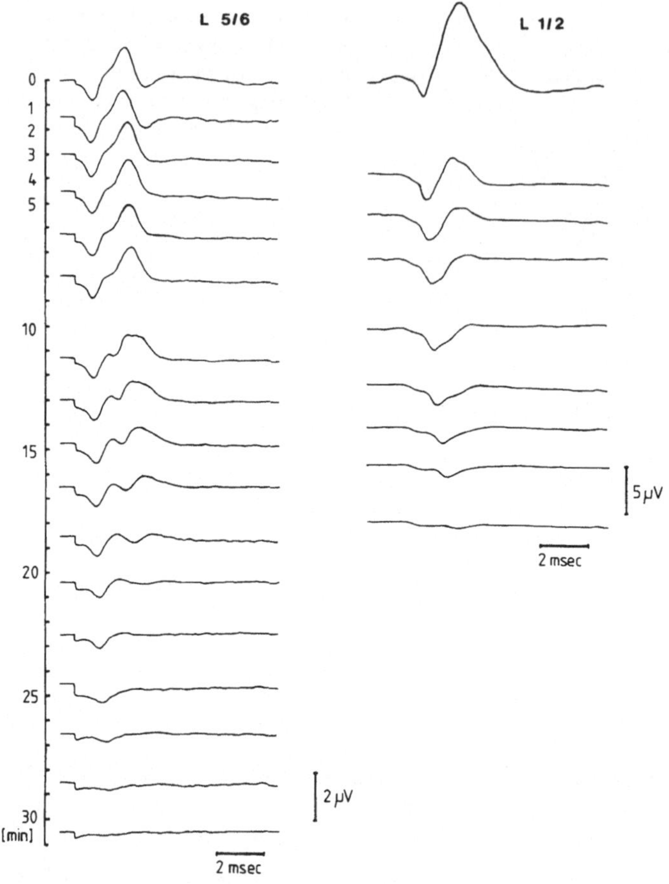

Abb. 31. Spinale SEP's nach terminaler Anästhesie zu verschiedenen Zeitpunkten post-mortal

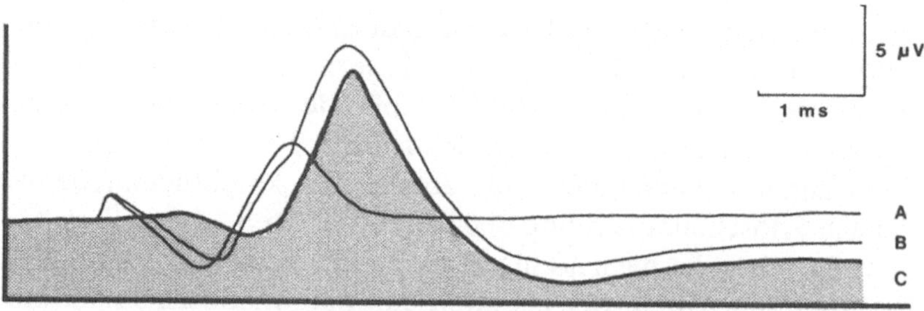

Abb. 32. Vergleich von prä- und postmortalem SEP ($L_{1/2}$) sowie deren geometrische Subtraktion (*A* postmortal, *B* prämortal, *C* Subtraktion)

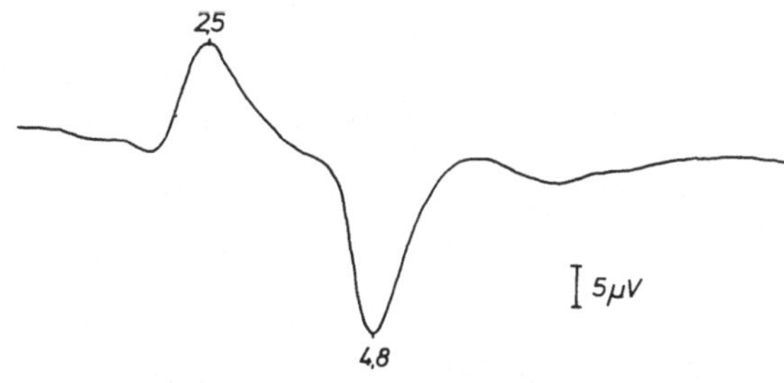

Abb. 33. Direkte Ableitung von der operativ freigelegten Wurzel L_5 nach Reizung des N. tibialis im Bereich der Achillessehne

4.2.3.4.4 Direkte Wurzelableitung

Die direkte Ableitung mit monopolaren Platinelektroden von der operativ freigelegten Wurzel L_5 nach Reizung des N. tibialis am Sprunggelenk registriert eine frühe afferente negative Impulswelle bei 2,5 ms und, davon klar getrennt, eine positive efferente Impulswelle mit einer Latenz von 4,8 ms. Die Wurzeln wurden in ihrem intraspinalen Verlauf kurz vor dem Austritt aus dem Spinalkanal abgeleitet. Vorder- und Hinterwurzeln eines spinalen Segmentes lassen sich hier nicht ohne Schwierigkeiten voneinander lösen, so daß die Ableitung gemeinsam von dem Wurzelpaar erfolgte. Die Latenzen entsprechen denen des spinalen SEP's bei Betrachtung des Hinter- und Vorderwurzelpotentials (Abb. 33).

4.2.3.5 Diskussion der einzelnen Potentiale

Zusammenfassend läßt sich nach Reizung des N. tibialis und Ableitung zwischen den Dornfortsätzen $L_{5/6}$ und $L_{1/2}$ ein Potential beschreiben, das sich vermutlich aus drei Komponenten, der R- und S-Antwort sowie der A-Welle zusammensetzt (schematische Darstellung in Abb. 34).

Die R-Antwort nimmt als Impulswelle der Hinterwurzeln in der Latenz von kaudal nach kranial zu, so daß sie bei $L_{1/2}$ mit der dort postsynaptisch generierten S-Antwort zu einem einzigen Potential verschmilzt.

Nach reflektorischer Erregung der Motoneuronen läßt sich eine deszendierende Impulswelle mit zunehmender Latenz von kranial nach kaudal verfolgen.

4.2.3.5.1 Hinterwurzelpotential (R-Antwort)

Die R-Antwort entspricht der präsynaptischen Impulswelle und verhält sich in ihren Leitungseigenschaften gegenüber verschiedenen Reizmodalitäten wie ein peripherer Nerv:

a) durch die kurze Refraktärzeit in bezug auf Amplitude und Latenz (Abb. 24,27),
b) durch die geringe Empfindlichkeit gegenüber hochfrequenten Serienimpulsen (Abb. 29),

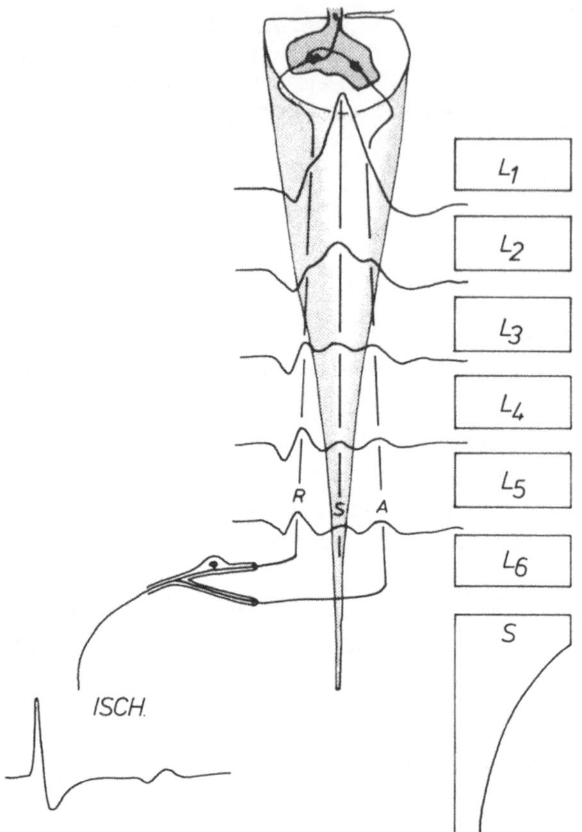

Abb. 34. Schematische Darstellung der spinalen SEP's über den verschiedenen Wirbelsäulenabschnitten, gezeichnet nach Originalkurven

c) postmortal läßt sich die R-Antwort bis zu 18 min nachweisen (Abb. 31),
d) mit zunehmendem Abstand von der Reizelektrode nimmt die Latenz kontinuierlich zu.

4.2.3.5.2 Konuspotential (S-Antwort)

Die S-Antwort entspricht der synaptisch verstärkten Aktivität in den Hinterhornneuronen und ist als generatorabhängiges Potential mit gleichbleibender Latenz volumengeleitet über den benachbarten Segmenten als „Farfield"-Potential nachweisbar. Weitere Merkmale sprechen ebenfalls für einen synaptisch verstärkenden Generator:

a) Die bipolare Ableitung läßt zwischen L_3 und Th_{12} eine Phasenumkehr erkennen, die auf einen fixen Dipol im Sakralmark zurückzuführen ist (Abb. 35,36).
b) Bereits bei geringer, motorisch unterschwelliger Reizstärke läßt sich eine vergleichsweise gut ausgeprägte S-Antwort ableiten, als Ausdruck einer verstärkenden Konvergenzschaltung.

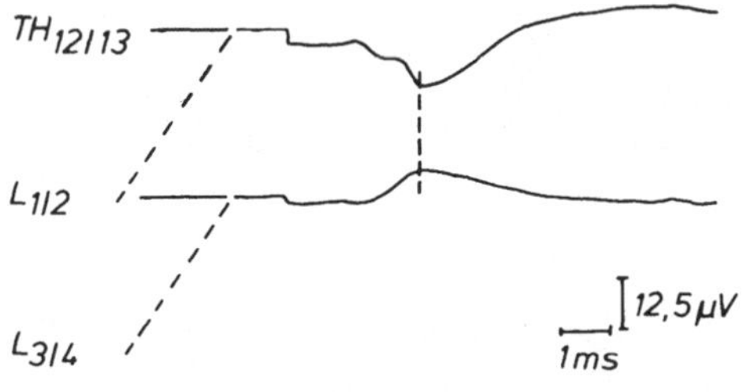

Abb. 35. Bipolare Ableitung des spinalen SEP's über Th$_{12/13}$ (S-Antwort positiv) mit Referenz über L$_{1/2}$ und Ableitung über L$_{1/2}$ (S-Antwort negativ) mit Referenz über L$_{3/4}$. Der aktive Dipol liegt zwischen Th$_{12}$ und L$_2$

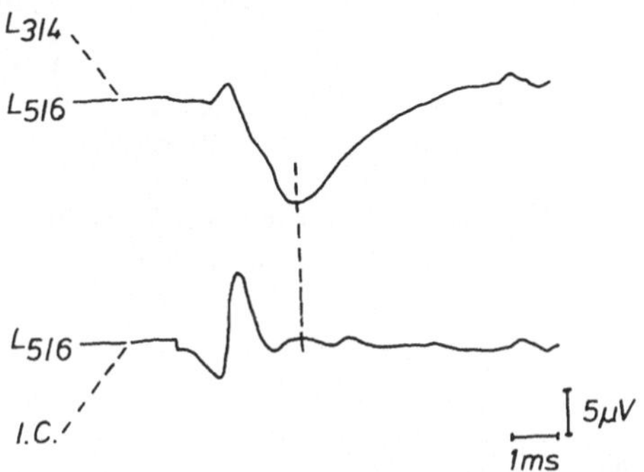

Abb. 36. Bipolare Ableitung des spinalen SEP's über L$_{5/6}$ mit Referenz zu L$_{3/4}$ und zum Beckenkamm (I.C.). Die R-Antwort behält als Impulswelle ihre Polarität, während die S-Antwort vom weiter rostral liegenden Dipol ihre Polarität umkehrt

c) Die relative Refraktärzeit ist bei der S-Antwort hinsichtlich Latenz und Amplitude länger als bei der R-Antwort (Abb. 24,28).

d) Die S-Antwort hat eine größere Empfindlichkeit gegenüber Reizungen mit hochfrequenten Serienimpulsen (Abb. 29,30).

Die Lokalisation der vom N. tibialis gespeisten Hinterhornneurone läßt sich mit Meerrettichperoxidase als Tracer im Sakralmark in Projektion auf den Zwischenwirbelraum L$_{1/2}$ histochemisch nachweisen.

4.2.3.5.3 Vorderwurzelpotential (A-Welle)

Bei geringer Stimulationsfrequenz von 0,2 Hz wird als zusätzliches negatives Potential über L$_{5/6}$, deutlich abgesetzt von R- und S-Antwort, die A-Antwort evoziert (Abb. 37). In Höhe des Conus medullaris, d. h. in Höhe L$_{1/2}$, geht sie in dem abfallenden Schenkel der S-Antwort als Schulter unter (s. auch Hülser u. Wiethölter 1986).

Ableitungen über dem N. ischiadicus lassen ebenfalls ausschließlich bei niederfrequenter Reizung die A-Welle peripherwärts mit zunehmender Latenz nachweisen (Abb. 39).

Das Verhalten der A-Welle auf verschiedene Reizmodalitäten weist sie als efferente Impulswelle in den Vorderwurzeln aus:

a) Die A-Antwort nimmt in ihrer Latenz von kranial nach kaudal zu (Abb. 38).

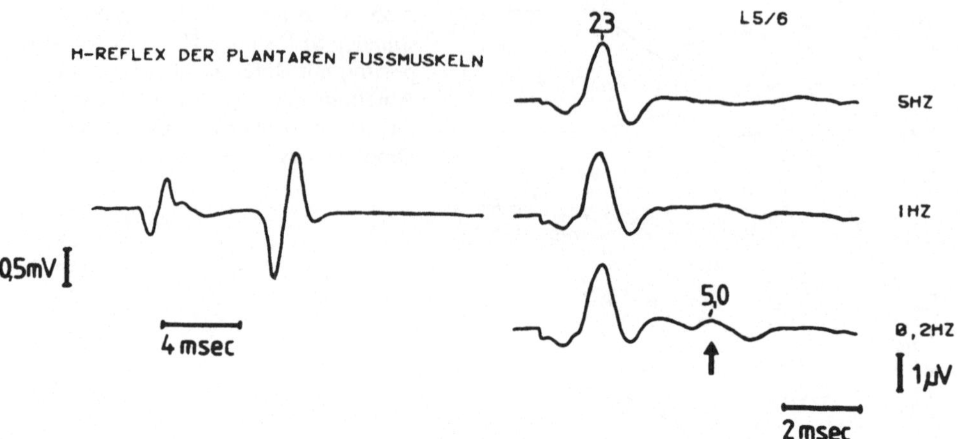

Abb. 37. Das Vorderwurzelpotential (A-Welle) in Abhängigkeit von der Reizfrequenz. Die A-Welle (*Pfeil*) läßt sich nur bei niedrigen Reizfrequenzen und unter Bedingungen mit optimalem H-Reflex evozieren

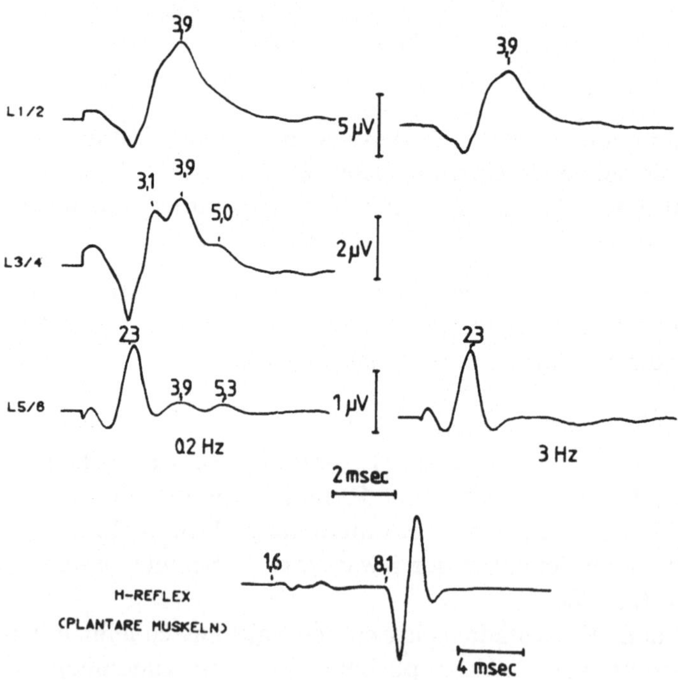

Abb. 38. Das Vorderwurzelpotential (A-Welle) in Abhängigkeit von der Reizfrequenz über verschiedenen Wirbelsäulenabschnitten

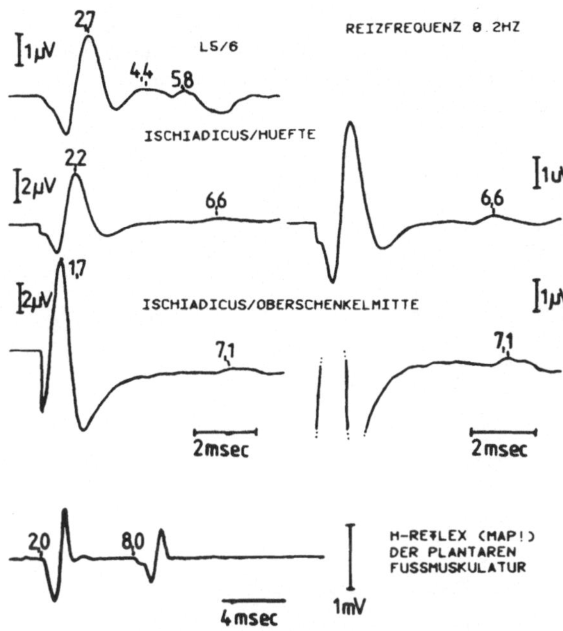

Abb. 39. Das Vorderwurzelpotential (A-Welle) über der Cauda equina und proximalen Anteilen des N. ischiadicus nach Stimulation an der Ferse

b) Sie kann peripherwärts über dem N. ischiadicus verfolgt werden, wo sich ihre Latenz der des simultan abgeleiteten H-Reflexes nähert (Abb. 39).

c) Sie verhält sich hinsichtlich ihrer Amplitude gleichsinnig zum H-Reflex, d. h. bei sukzessiver Erhöhung der Reizstärke nimmt sie zunächst bis zu einem Maximum zu und bei weiterer Reizsteigerung wieder ab. Bei Erhöhung der Reizfrequenz nimmt die Amplitude von H-Reflex und A-Welle gleichsinnig ab (Abb. 37).

d) Bei direkter Ableitung nach Freilegung der Wurzel L_5 läßt sich die R-Antwort als afferente und zusätzlich eine efferente Impulswelle mit umgekehrter Polarität nachweisen, die in ihrer Latenz exakt der A-Welle entspricht (Abb. 35,36).

Die Messung der absoluten Latenzen zur R- und S-Antwort sowie zur A-Welle einschließlich ihrer Interpeaklatenzen erlaubt einen Einblick in die Funktion der proximalen Anteile des peripheren Nerven, d. h. der Wurzeln in ihrem intraspinalen Verlauf.

Die R-S-Interpeaklatenz entspricht der Aktivität in den Hinterwurzeln, und die S-A-Interpeaklatenz gibt Auskunft über die funktionelle Integrität der Vorderwurzeln. Die absolute Latenz der R-Antwort entspricht vorwiegend der sensiblen Nervenleitung im N. ischiadicus. Eine differenzierte Beurteilung verschiedener sensibler Faserpopulationen ist bislang nicht möglich. Tabelle 3 zeigt die absoluten- und Interpeaklatenzen einschließlich ihrer Standardabweichungen nach Auswertung von 120 Messungen (Wiethölter u. Hülser 1985; Hülser u. Wiethölter 1986).

Tabelle 3. Absolute- und Interpeaklatenzen spinaler SEP's (N Anzahl der Messungen, $\bar{X}$ durchschnittliche Latenz in ms, S Standardabweichung in ms, *MIN.* minimale Latenz (durchschnittliche Latenz abzüglich 2 S, abgerundet) in ms, *MAX.* maximale Latenz (durchschnittliche Latenz plus 2 S, aufgerundet) in ms

	N	$\bar{X}$	S	MIN.	MAX.
R	120	2,4	± 0,16	2,0	2,7
S	120	3,6	± 0,23	3,1	4,1
A	73	4,7	± 0,18	4,3	5,1
R – S	120	1,2	± 0,19	0,8	1,6
S – A	73	1,3	± 0,27	0,7	1,9
R – A	61	2,3	± 0,22	1,9	2,8

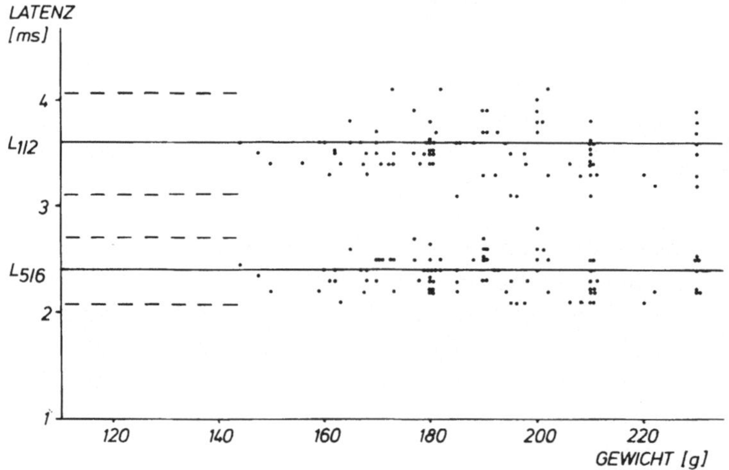

Abb. 40. Abhängigkeit der SEP-Latenzen vom Körpergewicht der Tiere. Der Normbereich für $L_{1/2}$ und $L_{5/6}$ ist durch gestrichelte Linien eingegrenzt

Leitungsverzögerungen, die innerhalb des Rückenmarkes auftreten können, werden durch die Messung der absoluten- und Interpeaklatenzen ebenfalls erfaßt und können von Latenzverzögerungen, verursacht in den proximalsten Anteilen der extramedullären Wurzeln, nicht differenziert werden.

Das heißt, eine Entmarkung, die am peripher gebildeten Myelin von Schwann-Zellen ansetzt, kann in ihrem intraspinalen Verlauf elektrophysiologisch nicht ohne Schwierigkeiten von einer Demyelinisierung im Bereich der Markscheide der intramedullären Oligodendroglia unterschieden werden.

Die Messungen können ohne Rücksicht auf das Körpergewicht der Tiere durchgeführt werden. Eine Abhängigkeit der Latenzen vom Körpergewicht besteht nicht (Abb. 40).

46

4.3 Auswahl der Meßverfahren

Nicht alle der beschriebenen Meßverfahren wurden zur Verlaufsbeobachtung der experimentell-allergischen Neuritis eingesetzt. Einige Verfahren haben sich als weniger brauchbar erwiesen.

4.3.1 Sensible Nervenleitgeschwindigkeit der Schwanznerven

Die Messung der sensiblen NLG der Schwanznerven ist zwar technisch einfach, die erhebliche Abhängigkeit von der Umgebungstemperatur mit Schwankungen, die wechselnder Außentemperatur rasch folgen, schränken die Brauchbarkeit jedoch erheblich ein. Nur mit Hilfe eines aufwendigeren temperaturgeregelten Paraffinölbades wäre eine ausreichende Temperaturkonstanz zu erreichen (Miyoshi u. Goto 1973).

Für die Beurteilung der für den Verlauf besonders interessanten proximalen Abschnitte der Schwanznerven ist die Messung der sensiblen NLG mit Ableitung von der Schwanzwurzel nicht proximal genug, die Ableitung der spinalen SEP's über dem Becken bis zu $L_{3/4}$ ist in Form und Ausprägung zu variabel (siehe Abb. 9 und 10). Der Ursprung der einzelnen unterschiedlich ausgeprägten Gipfel ist außerdem bisher nicht ausreichend klar.

4.3.2 Nervenleitgeschwindigkeit des N. tibialis

Die motorische und sensible NLG des N. tibialis zwischen Achillessehne und der Spina ischiadica läßt sich durch distale und proximale Reizung mit Bestimmung der Latenz von M-Antwort und H-Reflex über Hautelektroden von den kleinen Fußmuskeln und aus der Distanz zwischen beiden Reizorten gut berechnen (Abb. 41).

Ein Nachteil beim Einsatz der Nadelelektroden zur proximalen Reizung ist die Gefahr der Traumatisierung des N. ischiadicus in seinem engen Bett zwischen dem Ligamentum sacrospinale und dem M. piriformis, insbesondere während des Höhepunktes der Erkrankung, die nach unseren Beobachtungen mit einer verstärkten Blutungsneigung einhergeht.

$$= \frac{S}{M_{prox.} - M_{dist.}}$$

$$V_{sens.} = \frac{S}{H_{dist.} - H_{prox.}}$$

Abb. 41. Berechnung der motorischen und sensiblen Nervenleitgeschwindigkeit im N. tibialis der Ratte (*M prox.* Latenz zur M-Antwort bei proximaler Reizung, *M dist.* Latenz zur M-Anwort bei distaler Reizung, *H dist.* Latenz zum H-Reflex bei distaler Reizung, *H prox.* Latenz zum H-Reflex bei proximaler Reizung, *S* Strecke)

4.3.3 H-Reflex, F-Welle und spinales SEP

Zur Verlaufskontrolle wurden deshalb einerseits der H-Reflex bzw. die F-Welle und andererseits somatosensorisch evozierte Potentiale mit Ableitung über $L_{1/2}$ und $L_{5/6}$ nach Reizung des N. tibialis zwischen Tibia und Achillessehne routinemäßig abgeleitet.

Verlaufskontrollen wurden über den gesamten Beobachtungszeitraum durchgeführt. Eine Reihe von Tieren, insbesondere aus der Gruppe mit akuter und subakuter Verlaufsform, wurde relativ rasch nach Erreichen des Krankheitsmaximums getötet, um histologische Daten über dieses Erkrankungsstadium zu gewinnen. Daraus erklärt sich der häufig frühzeitige Abbruch der Verlaufsbeschreibung. Einen Originalkurvenverlauf eines Tieres mit subakuter EAN zeigt Abb. 42.

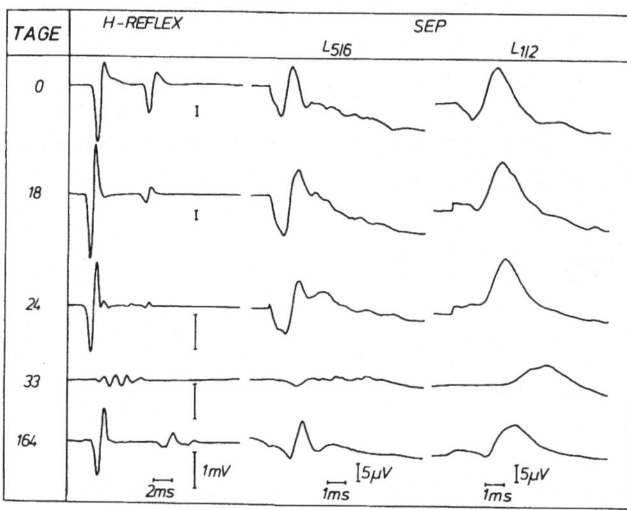

Abb. 42. Originalkurvenverlauf bei subakuter EAN zu entsprechenden Tagen nach Immunisation

48

5 Verlaufsbeobachtungen der EAN nach elektrophysiologischen Kriterien

5.1 Elektrophysiologische Folgen einer Demyelinisierung und axonalen Degeneration

Die EAN ist nach histologischen Kriterien und bisher durchgeführten elektrophysiologischen Untersuchungen eine Neuro- und Radikulopathie mit vorwiegend segmentaler Demyelinisierung und geringer oder fehlender axonaler Degeneration (Cragg u. Thomas 1964; Hall 1967).

Eine segmentale Demyelinisierung führt zu einer Reihe neurographischer Veränderungen, die alle auf einer Störung der Impulsleitung beruhen (Waxman 1981):

a) Die motorischen und sensiblen Summenantwortpotentiale zeigen eine temporale Dispersion, d. h. sie sind aufgrund der größeren Streubreite der Leitgeschwindigkeiten einzelner Axone aufgesplittert, verlängert und erniedrigt.

b) Die maximale motorische und sensible Nervenleitgeschwindigkeit ist generalisiert oder in bestimmten Abschnitten des peripheren Nerven herabgesetzt.

c) Wenn zusätzlich in einzelnen Fasern ein kompletter Leitungsblock auftritt, führt dieser zu einer weiteren Amplitudenminderung des durchlaufenden Impulses.

d) Die Fähigkeit, Impulsserien zeit- und formgerecht zu leiten, ist gestört. Es werden intermittierend einzelne Impulse blockiert. Vorzeitige Leitungsblockierungen durch Temperaturerhöhung (McDonald 1980), ephaptische Übertragungen und Spontanentladungen in Axonen (Rasminsky 1978) mit erhöhter mechano-sensitiver Irritabilität (Howe et al. 1977) sind weitere Folgen der Demyelinisierung.

Eine begleitende axonale Läsion als direkte oder indirekte Folge einer ausgedehnten Demyelinisierung ist neurographisch kaum faßbar. Der Ausfall einzelner Axone führt zwar zu einer Amplitudenminderung des Summenaktionspotentials, wegen der hohen interindividuellen Varianz der Amplituden ist aber nur eine starke Erniedrigung verwertbar. Zu sichern ist eine Beteiligung der Axone bei der EAN nur durch elektromyographische Untersuchungen, die gegebenenfalls pathologische Spontanaktivität mit Fibrillationen und steilen positiven Wellen als Ausdruck einer Denervierung

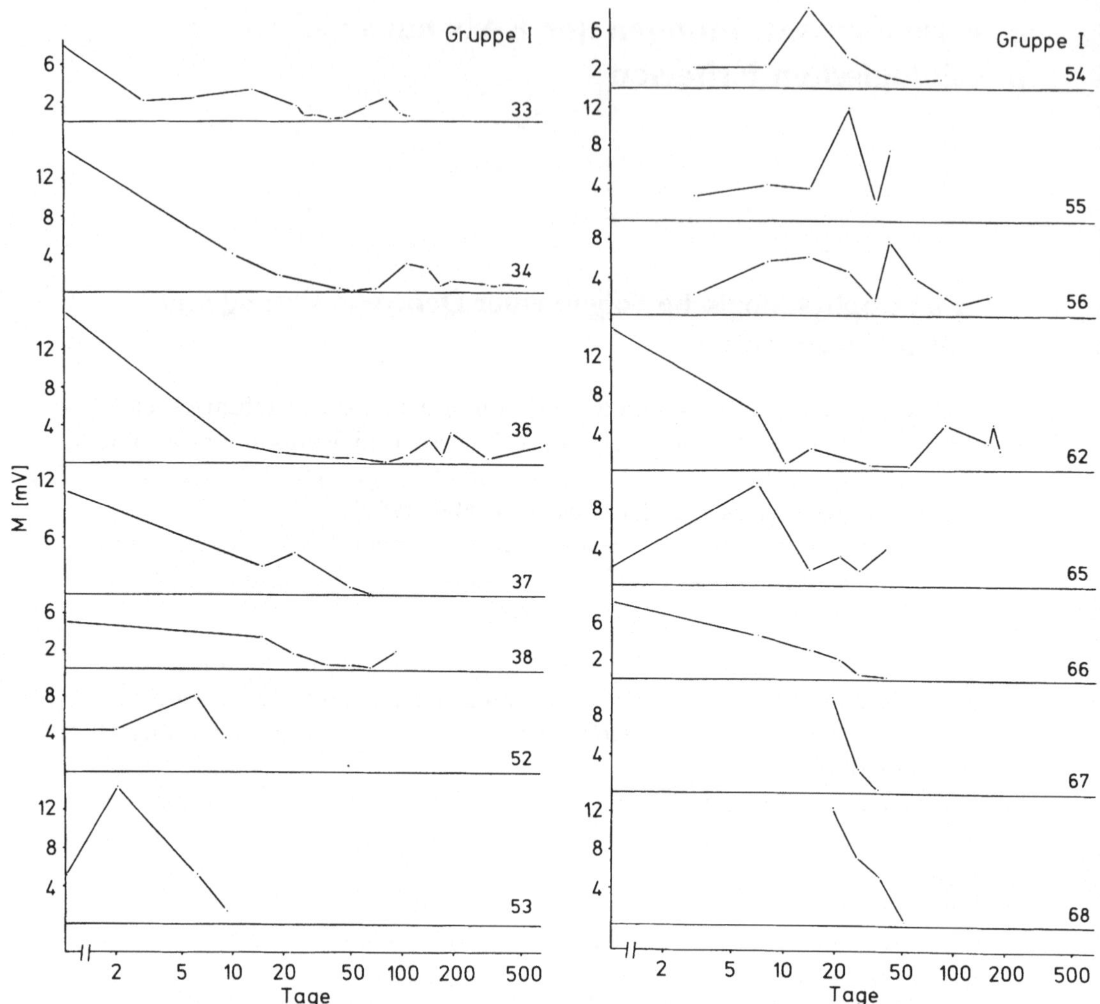

Abb. 43. Die Amplituden der M-Antworten der Einzeltiere im Verlauf dargestellt, eingeteilt nach Verlaufsgruppen. Bei Mehrfachmessungen wurde die höchste Amplitude verwertet. Die Zeit ist logarithmisch in Tage nach Immunisation eingeteilt. Für Gruppe III sind die M-Antworten von L 353–382 kumulativ jeweils ± Standardabweichung dargestellt

50

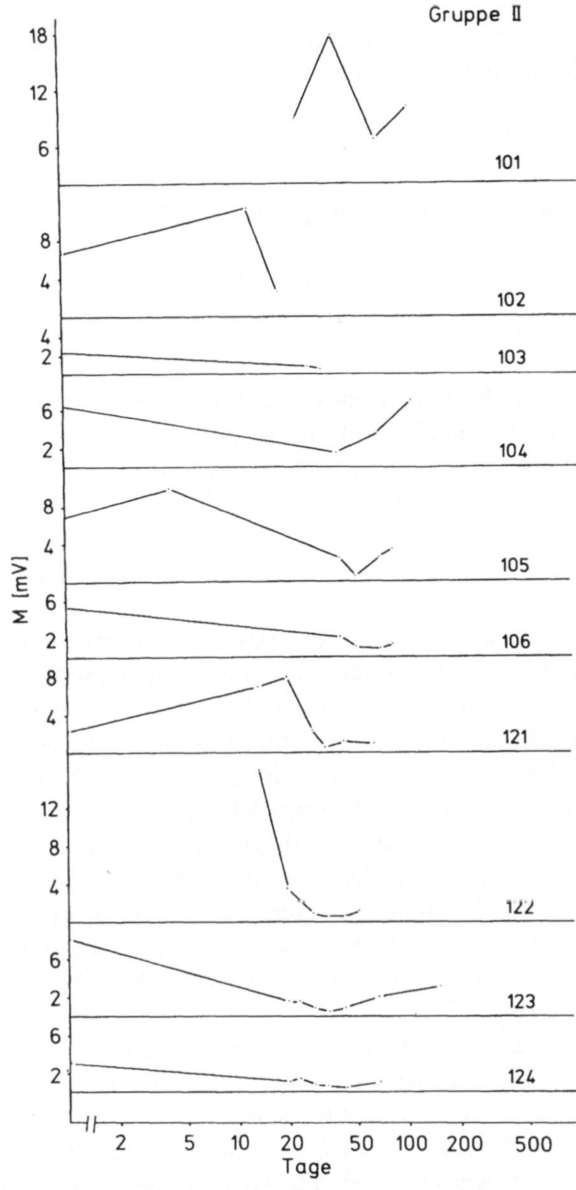

Gruppe II
M [mV]
18
12
6
101
8
4
102
4
2
103
6
2
104
8
4
105
6
2
106
8
4
121
12
8
4
122
6
2
123
6
2
124
2 5 10 20 50 100 200 500
Tage

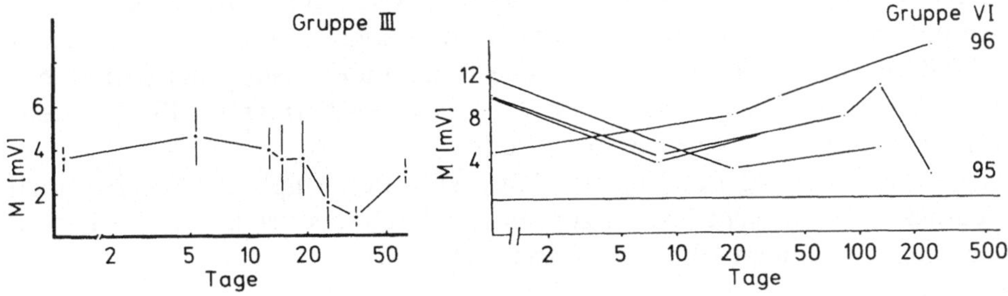

Gruppe III
M [mV]
6
4
2
2 5 10 20 50
Tage
Gruppe VI
M [mV]
12
8
4
96
95
2 5 10 20 50 100 200 500
Tage

im entsprechenden Muskel erkennen läßt. Wegen der Traumatisierungsgefahr wurde eine elektromyographische Untersuchung nur bei wenigen Tieren durchgeführt.

5.2 Interpretation der Muskelantwortpotentiale bei direkter und rekurrenter Erregung

5.2.1 M-Antwort

Das direkte, orthodrom ausgelöste Muskelaktionspotential zeigt hinsichtlich Überleitungszeit und Amplitude relativ große inter- und intraindividuelle Schwankungen. Die Überleitungszeit hängt in starkem Maße von der Strecke zwischen Reiz- und Ableiteort ab. Bereits geringe Veränderungen der Einstichstelle der Reizelektrode führen zu ausgeprägten Variationen der Überleitungszeit, die sich daher nur begrenzt zur Beurteilung pathologischer Nervenleitung eignet.

Die maximale Amplitude des Muskelantwortpotentials ist in mehrfachen Messungen ebenfalls nur ungenügend reproduzierbar. Sie ist im wesentlichen abhängig von der Güte des Kontaktes der Ableitelektrode zum gemessenen Muskel. Die Variationsbreite läßt sich an den Verläufen der Tiere der Kontrollgruppe erkennen, den Ratten also, die mit Homogenat in inkomplettem Freund-Adjuvans immunisiert wurden (Gruppe VI, L 95–98).

Zum Zeitpunkt des Beginns der Erkrankung, definiert nach der Verzögerung der R- bzw. S-Antwort in den spinalen SEP's, ist die Amplitude dennoch deutlich gegenüber den Voruntersuchungen gemindert. Zuvor tritt eine Amplitudenerhöhung auf, die trotz starker individueller Amplitudenschwankung ernstzunehmen, aber bisher kaum zu erklären ist (54, 55, 65 der Gruppe I, 101, 102, 121 der Gruppe II).

Zu einer Erholung mit Anstieg der Amplitude kommt es bei den meisten Tieren, sofern sie lange genug beobachtet wurden. Eine komplette Restitution ist nur einmal (L 104) bei einem Tier beobachtet worden, das sonst keinerlei elektrophysiologisch faßbare Krankheitszeichen aufwies (Abb. 43).

Werden die Amplituden der M-Antwort bei der Gruppe der akuten EAN (L 201–220, Gruppe III) im Verlauf betrachtet, erkennt man einen Amplitudenanstieg bis zum 18. Tag nach Immunisierung mit deutlichem Abfall danach. Der durchschnittliche Amplitudenanstieg bei Tieren mit einer Beobachtungszeit von mindestens 24 Tagen beträgt am 18. Tag mehr als das Vierfache der Ausgangsamplitude.

Bei Betrachtung der Einzelverläufe wird der Amplitudenanstieg noch deutlicher. Er erreicht jeweils zum ersten Nachweis des klinischen Krankheitsbeginns seinen Höhepunkt (Abb. 44).

52

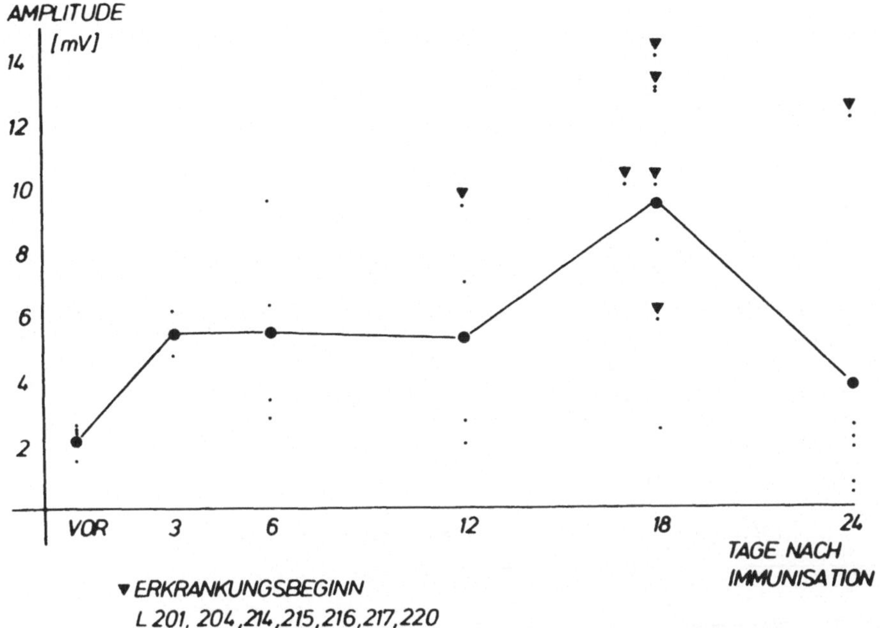

Abb. 44. Durchschnittliche Amplitude im Verlauf der EAN der Gruppe III (L 201–220). Der klinische Erkrankungsbeginn ist jeweils mit einem Dreieck markiert

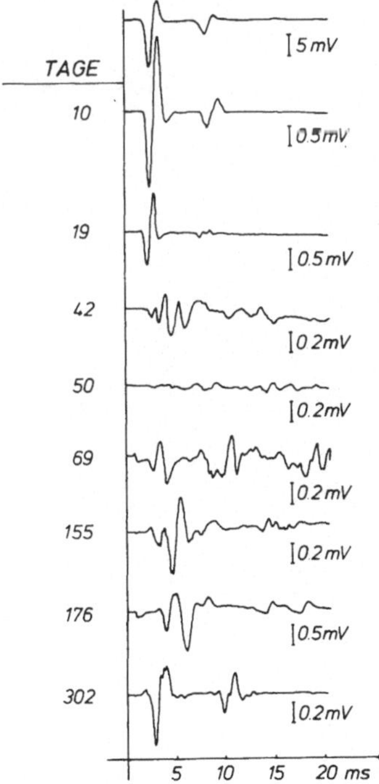

Abb. 45. Darstellung von M-Antwort und H-Reflex im Verlauf einer chronischen EAN (Gruppe I, L 34) mit maximaler Dispersion 50 und 69 Tage nach Immunisation

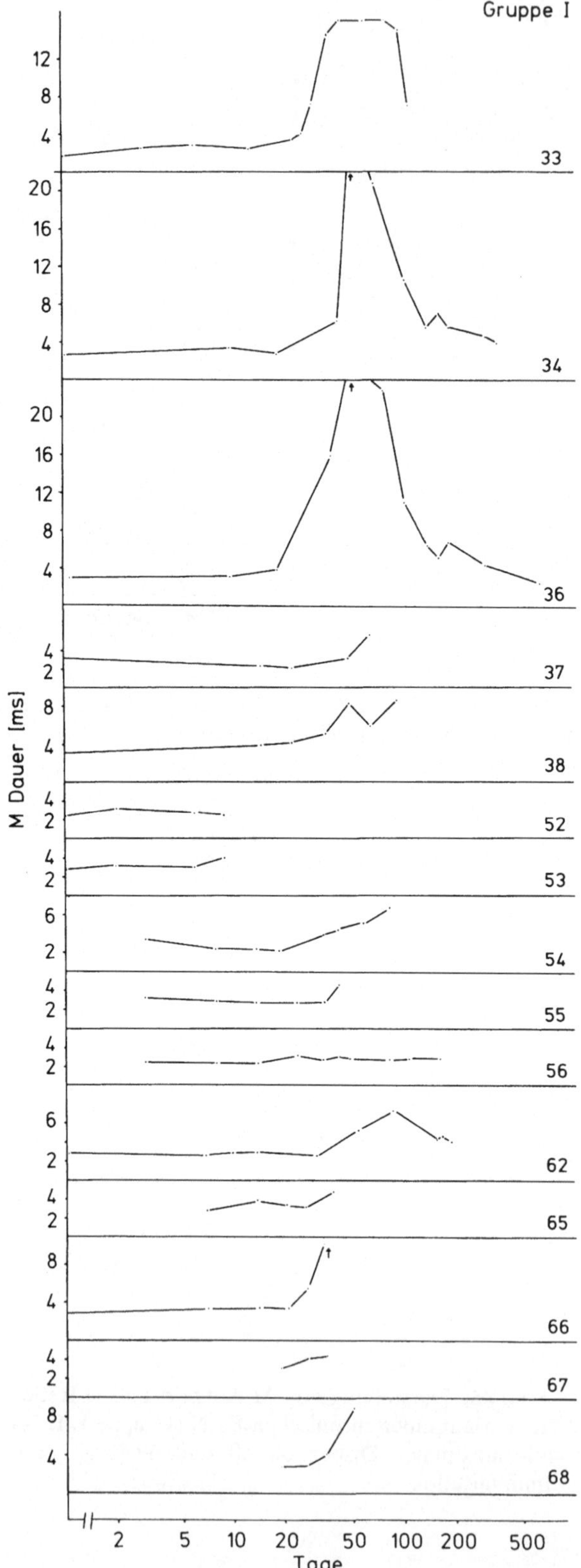

Gruppe I
M Dauer [ms]
Tage
12
8
4
33
20
16
12
8
4
34
20
16
12
8
4
36
4
2
37
8
4
38
4
2
52
4
2
53
6
2
54
4
2
55
4
2
56
6
2
62
4
2
65
8
4
66
4
2
67
8
4
68
2
5
10
20
50
100
200
500

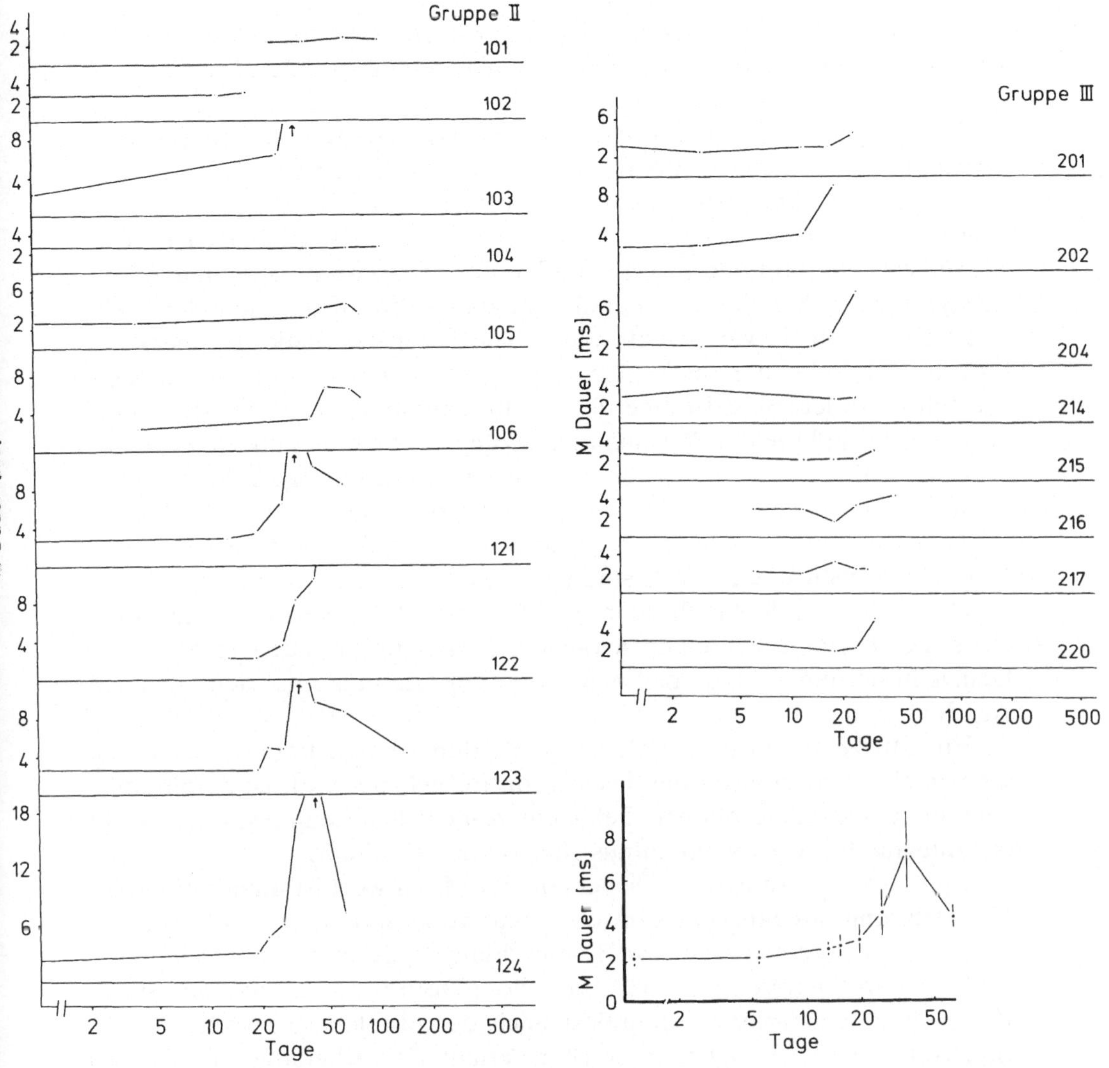

Abb. 46. Dauer der M-Antworten der Einzeltiere im Verlauf dargestellt, eingeteilt nach Verlaufsgruppen. Die Pfeile deuten auf eine Dauer außerhalb des Darstellungsbereiches. Für Gruppe III (L 353–382) erfolgte außerdem eine kumulative Darstellung der Dauer der M-Antworten mit jeweils einfacher Standardabweichung

Eine frühzeitige Amplitudensteigerung vor bzw. mit Erkrankungsbeginn wird auch beim „adoptive transfer" durch Lymphozyten deutlich (s. Abb. 59).

Für die inkonstant faßbare Amplitudenerhöhung im Sinne einer Supernormalität gibt es keine schlüssige Erklärung. Im Experiment kann Supernormalität eines Antwortpotentials auf einen Reiz, der einem Konditionierungsreiz folgt, nach Lösen eines Tourniqués in der postischämischen Periode für sensible (Stöhr et al. 1981) und motorische Fasern (Bergmans 1970) erzeugt werden. Man könnte spekulieren, daß frühzeitig im Laufe der EAN eine Ischämie im Nerven auftritt, die sich noch vor Beginn der Entmarkung zurückbildet und in der postischämischen Phase zu einer erhöhten Exzitabilität führt. Andererseits ist eine fieberhafte Erhöhung der Körpertemperatur in der Frühphase der Auseinandersetzung mit dem inokulierten Fremdmaterial denkbar, die eine Erhöhung der Amplitude des Muskelantwortpotentials verursachen könnte. Die Amplitudenzunahme bis zum Vierfachen erscheint für eine rein temperaturbedingte Erhöhung aber viel zu hoch. Temperaturanstiege um 1–2 °C sind beobachtet worden (Fierz 1986).

Die nachfolgende Amplitudenreduktion der M-Antwort kann Ausdruck eines Leitungsblockes, einer axonalen Degeneration oder einer durch Demyelinisierung völlig desynchronisierten Leitung in den distalen Abschnitten des N. tibialis sein.

Ein Muskelaktionspotential, ausgelöst durch einen Impuls, der durch segmentale Demyelinisierung desynchron fortgeleitet wird, ist amplitudengemindert und aufgesplittert. Fehlt ein zusätzlicher Leitungsblock, bleibt das Integral des Antwortpotentials aber wenig beeinflußt.

Eine Aufsplitterung oder Dispersion der M-Antwort ist immer mit einer Verbreiterung des Muskelaktionspotentials verknüpft, so daß die einfache Messung der Potentialdauer zur Beschreibung der Dispersion ausreicht.

In den meisten Verläufen läßt sich diese Dispersion nachweisen. Sie ist Folge einer Entmarkung zumindest auch der distalen Abschnitte des N. tibialis. Die Abb. 45 zeigt einen solchen Verlauf mit hochgradiger Dispersion 50 und 69 Tage nach Immunisierung.

Einzelne Verlaufsuntersuchungen allerdings zeigen keine oder eine nur diskrete Zunahme der Potentialdauer (L 56, 101, 105). Bei diesen Tieren ist nur eine proximale Demyelinisierung eingetreten (Abb. 46). Eine reine proximale Neurapraxie mit Amplitudenminderung von H-Reflex bzw. F-Welle sowie R- und S-Antwort ohne zusätzliche Latenzverzögerung dieser Potentiale wurde nicht beobachtet.

5.2.2 H-Reflex und F-Welle

Die Amplituden von H-Reflex und F-Welle haben ähnlich der M-Antwort eine große intra- und interindividuelle Variationsbreite. Sie wurden daher als Maß in den Verlaufsuntersuchungen nicht eingesetzt. Dagegen erwiesen sich die Latenzmessungen von H-Reflex und F-Welle als gutes Maß für Leitungsverzögerungen im gesamten Verlauf des proximalen Nervenabschnittes (als Beispiel eines Originalkurvenverlaufes s. Abb. 47).

Durch die Messung der Latenzdifferenz zwischen M-Antwort und H-Reflex bzw. F-Welle werden Einflüsse weit distaler Leitungsverzögerung ausgeschlossen. Latenzverzögerungen im Verlauf sind in Abb. 48 dargestellt. Bei ausgeprägten Läsionen läßt sich eine rekurrente Erregung teilweise überhaupt nicht auslösen.

Als Ursache dafür muß ein Leitungsblock angenommen werden, da eine Verzögerung alleine zwar den empfindlichen H-Reflex, nicht aber die F-Welle verhindern kann. Die Leitungsverzögerung kann allerdings so stark ausgeprägt sein, daß die dadurch bedingte Dispersion der M-Antwort die Abgrenzung einer F-Welle unmöglich macht.

Nahezu alle Verlaufskurven lassen bei ausreichender Laufzeit zunächst eine Verlängerung und dann eine Rückbildung bis zur Normalisierung der Latenz erkennen (Abb. 45).

Der Quotient aus der Amplitude von M-Antwort und F-Welle eignet sich wegen der großen Variationsbreite zur Beurteilung kaum (s. Abb. 49), dies insbesondere auch deshalb, weil die Amplitude der F-Welle, anders als beim H-Reflex, nicht direkt von der Anzahl noch funktionsfähiger Nervenfasern abhängt.

Da die F-Welle immer nur einige wenige Fasern erregt, vermindert sich lediglich der Pool der verfügbaren Fasern, nicht aber unbedingt der erregten Fasern selbst. Zum Einsatz kommt der Quotient aber bei der Festlegung

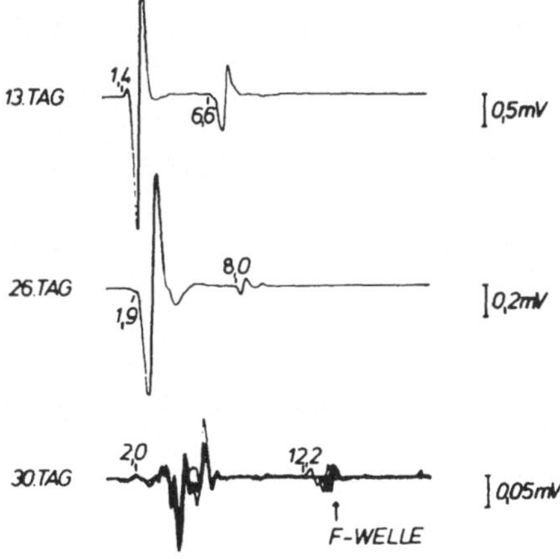

Abb. 47. Darstellung des H-Reflexes bei L 33 mit Aufzeichnung bis zum 30. Tag nach Immunisation. Es wurden hier 8 Einzelkurven übereinandergezeichnet, um die Variation der F-Welle zu dokumentieren

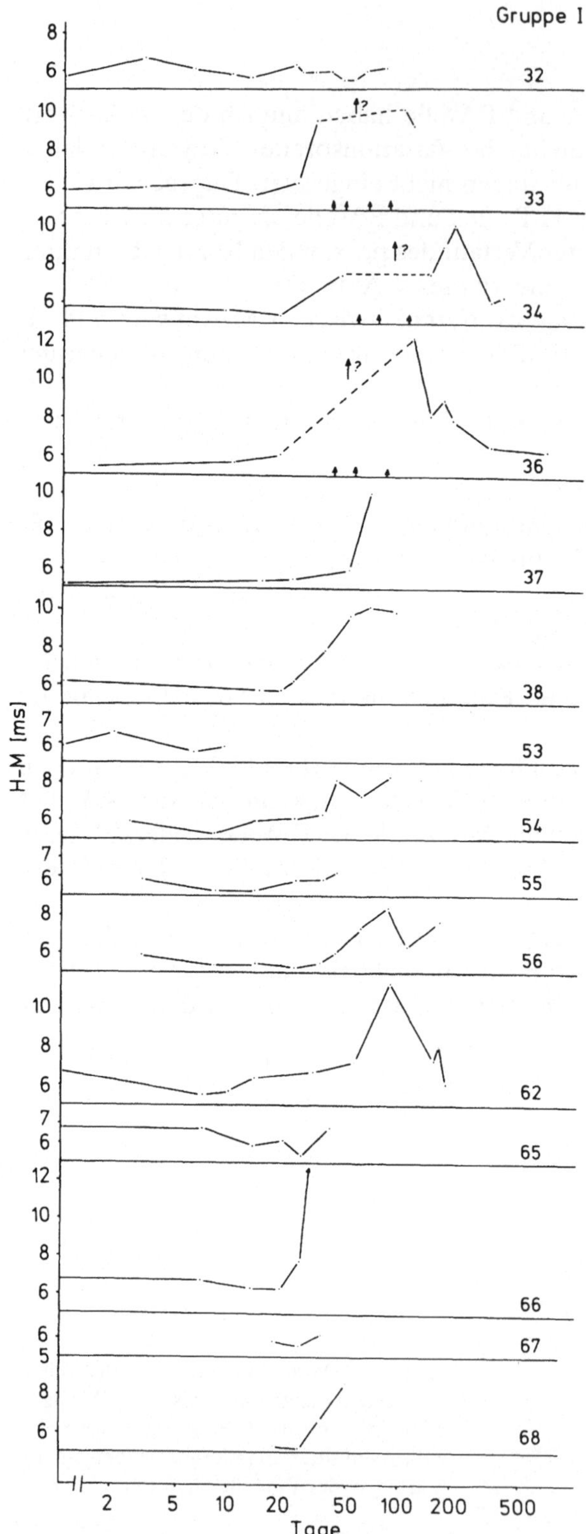

Gruppe I
H-M [ms]
32
33
34
36
37
38
53
54
55
56
62
65
66
67
68
Tage
2 5 10 20 50 100 200 500

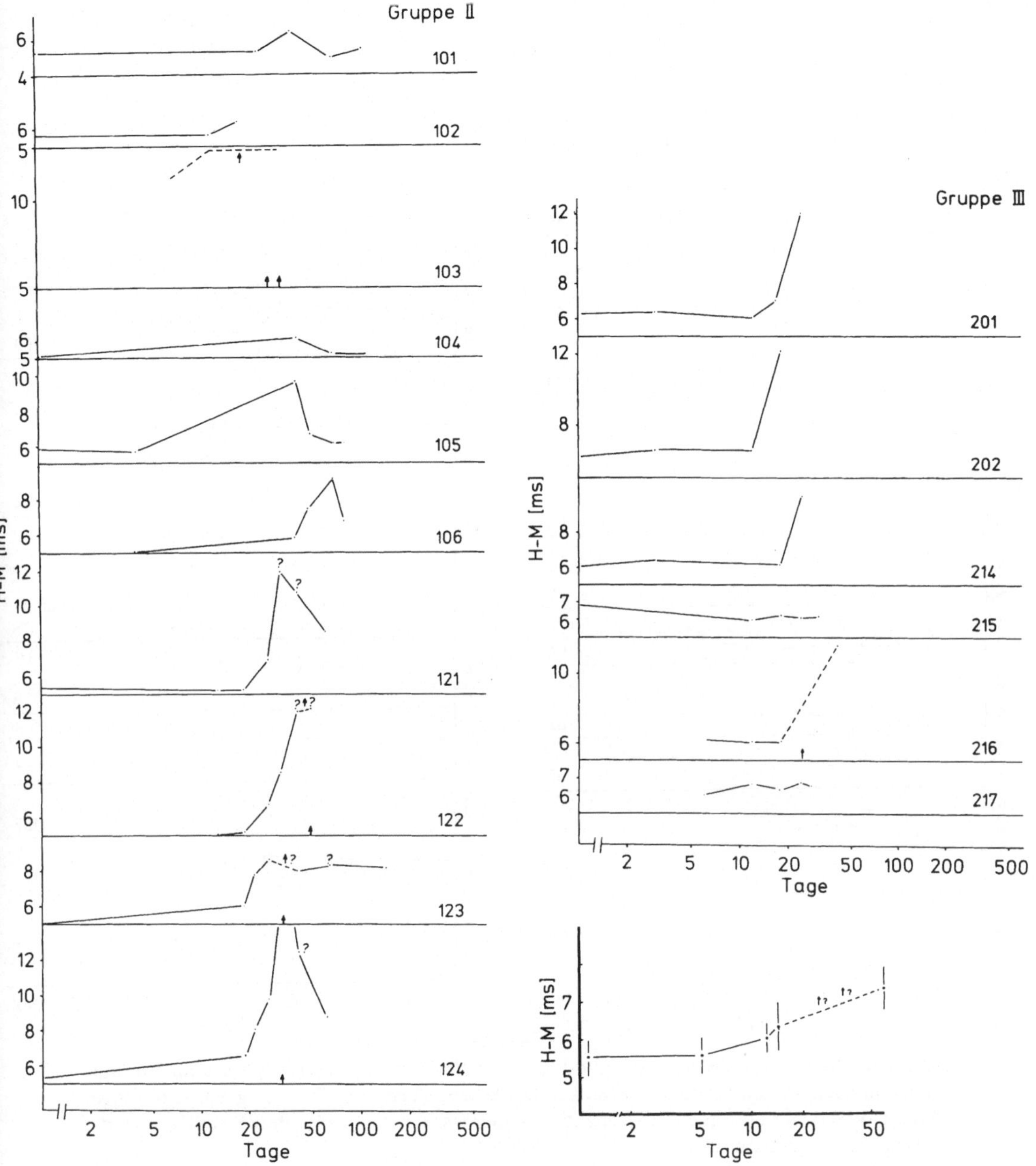

Abb. 48. Latenzdifferenzen H (bzw. F) – M der Einzeltiere im Verlauf dargestellt, eingeteilt nach Verlaufsgruppen. ? = nicht sicher identifizierbare F-Welle. Pfeil auf der Abszisse
= Messung wurde durchgeführt, F-Welle aber nicht sicher abgrenzbar. Dementsprechend
wurde in diesem Bereich die Verlaufskurve gestrichelt. Für Gruppe III (L 353–382)
wurden die Latenzdifferenzen kumuliert mit jeweils einfacher Standardabweichung dargestellt

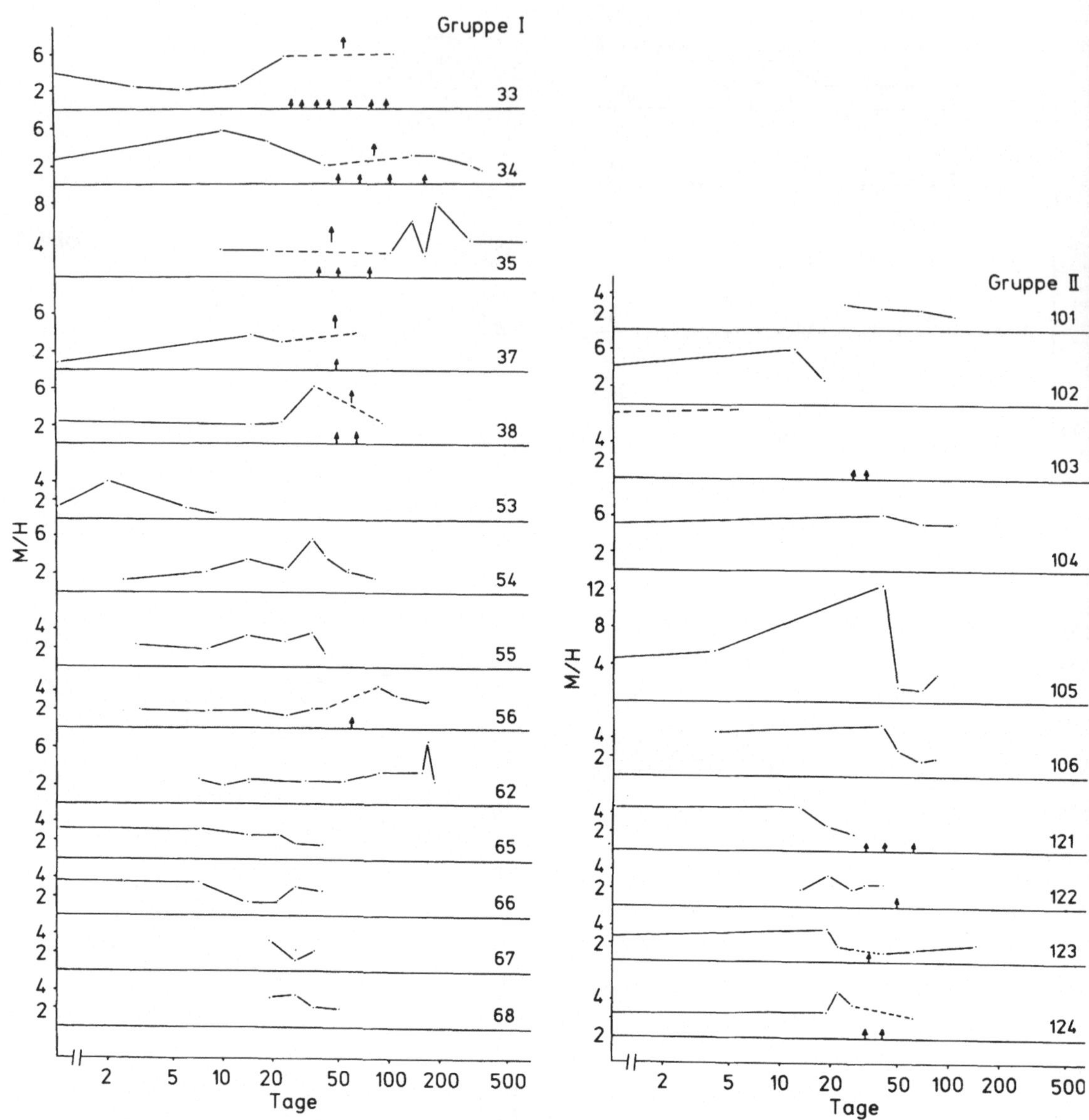

Abb. 49. Quotienten aus den Amplituden von *M/H* (bzw. *F*) der Einzeltiere im Verlauf,
eingeteilt nach Verlaufsgruppen. Pfeil auf der Abszisse bedeutet: Messung wurde durchgeführt, F-Welle war aber nicht abgrenzbar. Dementsprechend wurde in diesem Bereich die
Verlaufskurve gestrichelt

von frühen Veränderungen dann, wenn ein H-Reflex noch ausgelöst werden
kann, aber bereits amplitudengemindert ist. Der Quotient von M-Antwort
und H-Reflex ist weniger variabel als die Einzelamplituden, da reiz- und
ableitbedingte Unterschiede zwischen einzelnen Ableitungen in gleicher
Weise M-Antwort und H-Reflex betreffen.

60

5.3 Interpretation der SEP-Befunde

5.3.1 Spinale SEP's über $L_{5/6}$

Die Messung der spinalen SEP's über $L_{5/6}$ spiegelt die sensible Nervenleitgeschwindigkeit im N. tibialis zwischen Achillessehne- und Nervenwurzel
wider. Die geringe Abhängigkeit der absoluten Latenzen der R-Antwort von
der Größe der Tiere (gemessen als Körpergewicht) erlaubt den Vergleich der
einzelnen Latenzmessungen über längere Zeiträume hinweg ohne Berück-
sichtigung der körperlichen Entwicklung. Durch den Summationsprozeß
beim „averagen" lassen sich auch Potentiale mit sehr kleiner Amplitude
erfassen, sofern sie mit konstanter Latenz auftreten. Einzelne leitende
Fasern reichen offensichtlich aus, um ein Potential aufzubauen. Die Amplituden der Wurzelpotentiale sind wegen der ausgeprägten Variabilität nicht
brauchbar zur Verlaufsbeobachtung (Abb. 50).

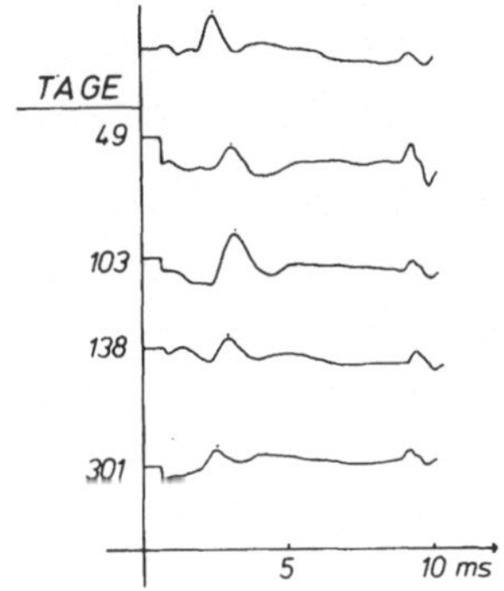

Abb. 50. Originalkurven spinaler SEP's über $L_{5/6}$ bei
chronischem Verlauf. Die Kalibrierung am Ende der
Kurve entspricht jeweils 2 μV

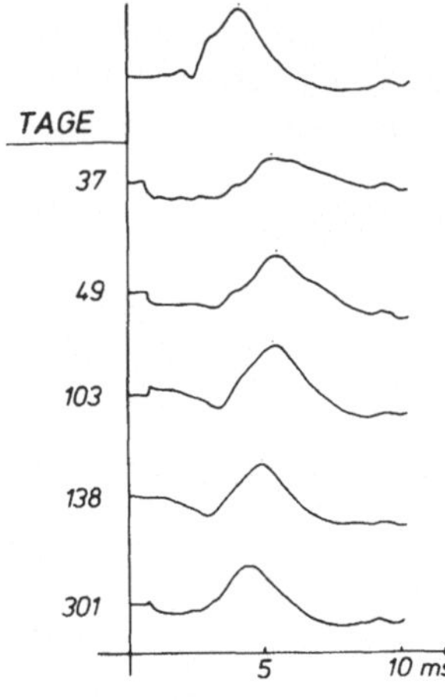

Abb. 51. Originalkurvenverlauf der SEP's über $L_{1/2}$ bei
chronischer EAN. Die Kalibrierung am Schluß der
Kurve entspricht jeweils 2 μV

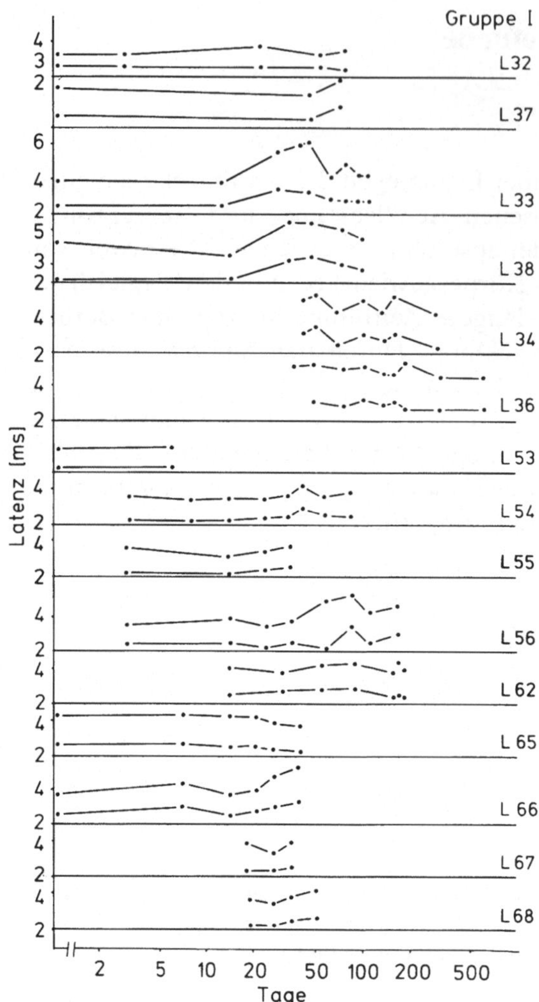

Abb. 52. Latenzen der spinalen SEP's der Einzeltiere im Verlauf, eingeteilt nach Verlaufsgruppen. Die obere Kurve entspricht den Latenzen über $L_{1/2}$ (S-Antwort), die untere Kurve den Latenzen der Potentiale über $L_{5/6}$ (R-Antwort). Für Gruppe III (L 353–382) sind außerdem die durchschnittlichen Latenzen für $L_{1/2}$ und $L_{5/6}$ mit jeweils einfacher Standardabweichung dargestellt

Gruppe II
L 101
L 102
L 103
L 105
L 106
L 121
L 122
L 123
L 124
Latenz [ms]
Tage

Gruppe III
201
202
204
215
216
217
220
Latenz [ms]
Tage

Latenz [ms]
Tage

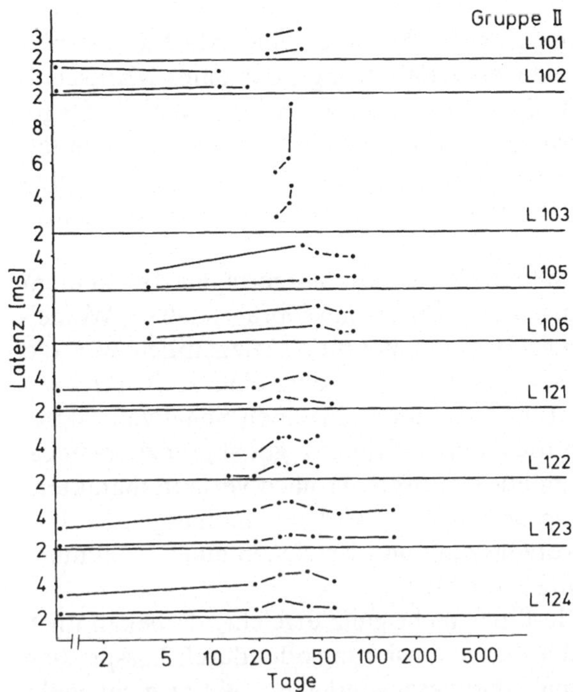

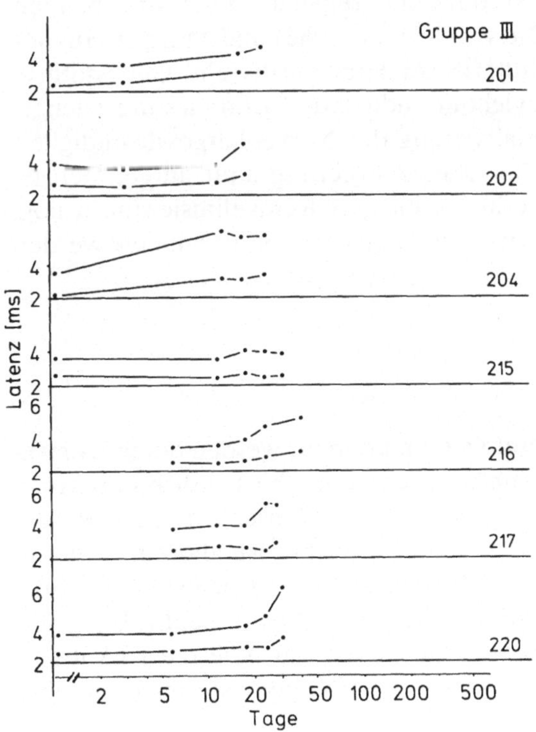

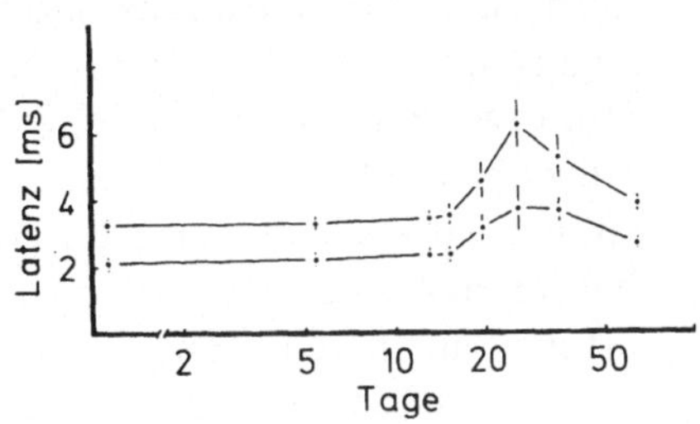

63

Latenzverzögerungen sind in der Regel Ausdruck einer Markscheidenlä-
sion im Sinne einer segmentalen Demyelinisierung oder eines Markschei-
denödems (Graham et al. 1976). Ein Leitungsblock bzw. eine axonale Degeneration führt zu einer Verzögerung, wenn vorwiegend die schnell leitenden
Fasern ausfallen. Immer aber findet man im geschädigten Nerven bei Ableitung der Nervenaktionspotentiale eine Aufsplitterung, verlängerte Dauer
und verminderte Amplitude.

In Abb. 52 sind die Latenzen über den Verlauf aufgetragen. Bei keinem
der Tiere war der sensible Leitungsblock so stark ausgeprägt, daß ein Wurzel-
potential gar nicht mehr evoziert werden konnte. Gelegentlich war die
Latenzbestimmung allerdings schwierig, z. B. wenn eine Aufsplitterung
durch zeitliche Dispersion des Impulses einen einzelnen negativen Gipfel
nicht mehr erkennen ließ. Es wurde dann der früheste gut abgrenzbare negative Peak zur Latenzbestimmung ausgemessen. Je nach Verlaufscharakteri-
stik — akut, subakut, chronisch progredient — wird bei einphasigem Verlauf
nach einer sukzessiven Latenzverzögerung und Erreichen eines Maximums
eine weitgehende Normalisierung erreicht.

Die Ausgangslatenz wird allerdings nicht ganz erreicht, da bekanntlich
eine Reparation, gleich, ob durch Remyelinisierung oder durch Aussprossen
neuer Axone, eine völlig normale Leitgeschwindigkeit häufig nicht mehr
ermöglicht. Remyelinisierte Fasern werden mit dünneren Markscheiden
und kürzeren Internodien ausgestattet, und regenerierte Axone bleiben
kleinkalibriger als unversehrte. Die von Kaeser (1962) und Morgan-Hughes
(1968) nach experimenteller diphtherischer Polyneuritis und von Smith u.
Hall (1980) nach lysophosphatidylcholin-induzierter Entmarkung nachge-
wiesene, nahezu komplette Normalisierung der Nervenleitgeschwindigkeit
ist darauf zurückzuführen, daß die Demyelinisierung akut aufgetreten ist
und von sehr kurzer Dauer war, wodurch eine gute Remyelinisierung ermöglicht wurde und eine begleitende axonale Degeneration verhindert werden
konnte.

5.3.2 Spinale SEP's über $L_{1/2}$

S-Potentiale, die über $L_{1/2}$ abgeleitet werden können, werden durch Demyelinisierung, Leitungsblock und axonale Degeneration hinsichtlich Latenzverzögerung und Amplitudenminderung in ähnlicher Weise verändert wie die
Hinterwurzelpotentiale. Eine Potentialaufsplitterung ist allerdings nur in
Ausnahmefällen zu beobachten. Die Dispersion spiegelt sich in einer Abfla-
chung und Verbreiterung der Potentiale wider. Die Potentialabflachung läßt
häufig eine exakte Latenzbestimmung nicht mehr zu. Wie die R-Antwort
erreicht auch die Latenz der S-Antwort selbst nach einphasigem Verlauf ihre
Ausgangslatenz nicht mehr (Abb. 51).

5.3.3 Interpretation der A-Welle

Im Verlaufe der Untersuchungen gelang es mit zunehmender Erfahrung
immer besser, neben R- und S-Antwort auch die A-Welle als Vorderwurzelpotential zu identifizieren und abzugrenzen. Die Abb. 53 stellt die Latenzmessungen der A-Welle zusätzlich zu R- und S-Antwort im Verlauf der EAN
dar. Das Vorderwurzelpotential ist ähnlich wie der H-Reflex sehr anfällig
gegenüber Desynchronisationen bereits der afferenten Impulswelle. Ein als
A-Welle vermuteter Peak wurde nur dann verwertet, wenn er nach höherfrequenter Reizung von mehr als 1 Hz verschwand. Er mußte außerdem in
mehrfachen Durchgängen reproduziert werden können. Es bleibt trotz dieser Einschränkungen eine gewisse Unsicherheit, ob alle identifizierten A-
Wellen tatsächlich als solche verwertet werden können. Es läßt sich nicht
ausschließen, daß andere nach Demyelinisierung nur niederfrequent erreg-
bare Fasern ebenfalls späte Potentiale generieren können. Als Kandidaten
kommen antidrom erregte, krankheitsbedingt langsam leitende motorische
Fasern in Betracht.

War die Zuordnung nicht eindeutig klar, wurde die für weniger wahrscheinlich gehaltene, mit höherer Latenz auftretende Welle durch eine
gestrichelte Linie in den Verlauf eingezeichnet. In einigen Verläufen ist
besonders die A-Welle verzögert (L 54, 56, 62, 66), als Ausdruck einer Leitungsverzögerung vornehmlich im Bereich der Vorderwurzeln.

5.3.4 Latenzdifferenzen R — S und S — A

Betrachtet man die Abstände zwischen den Latenzen von R-, S-Antwort
und A-Welle, gewinnt man einen besseren Einblick in die Funktion der intraspinalen Hinter- und Vorderwurzeln. Dabei läßt sich ein buntes Bild der
Läsionsmuster erkennen:

a) Der Beginn der Erkrankung kann sich in den afferenten Fasern im distalen Nervenabschnitt manifestieren (z. B. L 106: R verzögert, R–S- und
S–A-Interpeaklatenz normal), und später im Verlauf können die Vorderwurzeln entmarkt werden.

b) Umgekehrt können zunächst ausschließlich Wurzeln erkranken (L 56: R–
S- und S–A-Interpeaklatenz deutlich verzögert, R anfangs normal) und
später durch Ausdehnung auch die weiter peripher liegenden Nervenabschnitte.

c) Die Entmarkung kann sich zunächst in den Vorderwurzeln und später in
den Hinterwurzeln manifestieren (L 72: S–A-Interpeaklatenz erheblich
verzögert, R- und S-Antwort nahezu mit normaler Latenz).

d) Schließlich kann eine Verzögerung zunächst in den Hinterwurzeln auftreten (R–S-Interpeaklatenz verzögert, S–A normal) und später auch die
Vorderwurzeln miteinbeziehen.

Gruppe I
Latenz [ms]
Tage
52
56
62
66

Gruppe II
Latenz [ms]
Tage
101
102
103
105
A
S
R
106
A
S
R
121
A
S
R
122
A
S
R
123
A
S
R
124
A
A
S
R

Gruppe III
Latenz [ms]
Tage
201
202
204
215
216
217
220

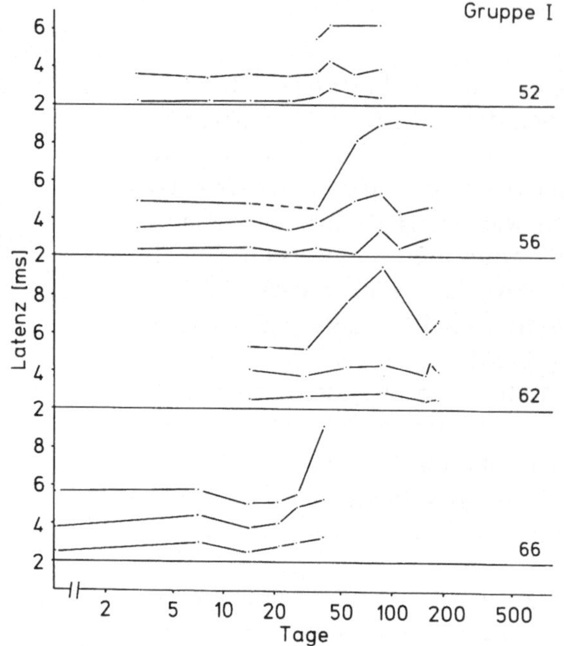

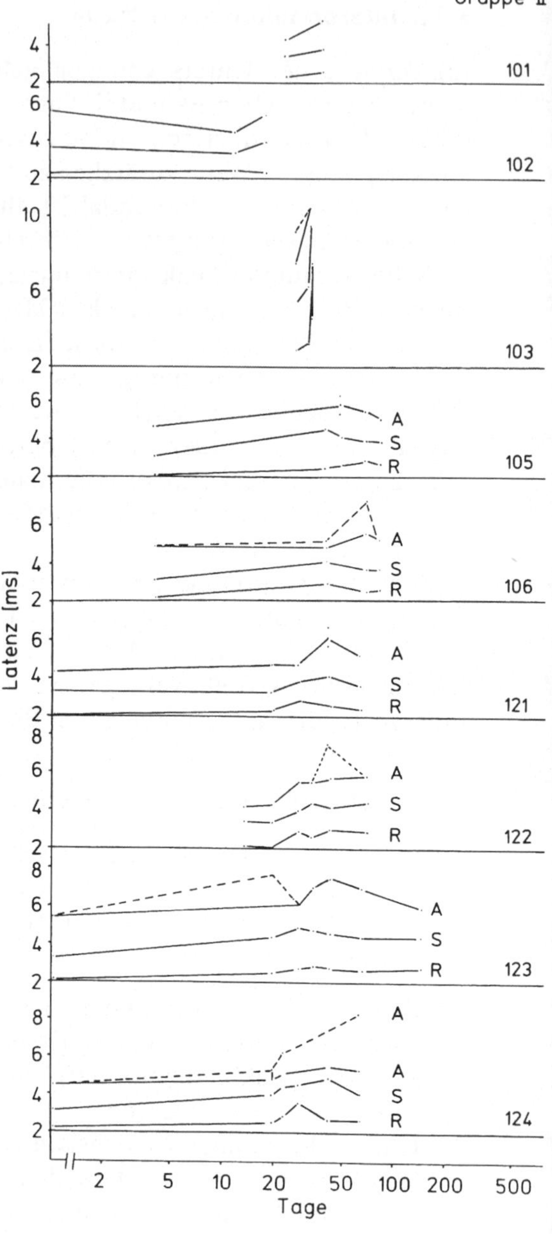

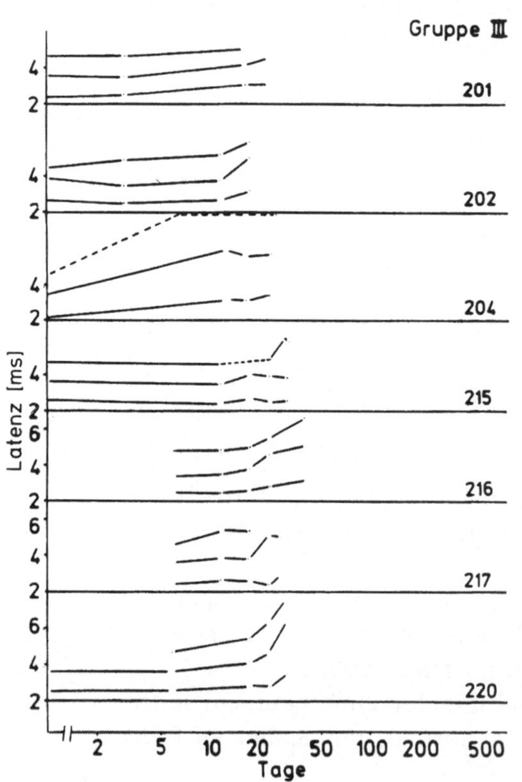

66

Die Betrachtung der spinalen SEP's läßt bereits ein vielfältiges Manifestationsmuster erkennen, wobei die Wurzeln mit wenigen Ausnahmen nahezu immer an der Entmarkung beteiligt sind und meistens stärker betroffen sind als die distaleren Nervenabschnitte.

Es gibt einige Versuche zu erklären, warum zum einen bevorzugt die Nervenwurzeln und zum anderen besonders die kaudalen Nervenwurzeln von Leitungsstörungen betroffen sind. Einleuchtend sind die Ansichten von Simmons et al. (1983), die für die EAE aufgrund ihrer Laktatbefunde einen ödembedingten Verlust der nodalen O_2-Diffusion diskutieren, der sich besonders an den kaudalen Wurzeln und deren langstreckigem intraspinalen Verlauf auswirkt.

5.4 Beispielhafte Verläufe mit unterschiedlichen Manifestationsorten

Die primär disseminiert auftretende Entmarkung läßt sich in der Regel im Verlauf der Erkrankung in verschiedenen Nervenabschnitten nachweisen. Die Verlaufsbeobachtung der SEP-Untersuchungen alleine deckt Manifestationen nur in den Afferenzen einschließlich ihrer Wurzeln und den Vorderwurzeln auf. Es ist deshalb notwendig, H-Reflex- und F-Wellen-Messungen zur Beurteilung beizuziehen. Exemplarisch werden drei verschiedene Muster demonstriert, die histologisch den elektrophysiologisch vorhergesagten Verteilungstyp der Entmarkung aufweisen.

5.4.1 Entmarkung vorwiegend in den afferenten Wurzeln des N. tibialis

Um eine isolierte Demyelinisierung in den Hinterwurzeln von $L_{5/6}$ postulieren zu können, müssen folgende Befunde vorliegen:

Die Interpeaklatenz zwischen R- und S-Antwort muß verzögert sein bei normaler R-Latenz. Latenz und Amplitude der M-Antwort müssen normal sein, und es darf keine zeitliche Dispersion vorliegen. Der H-Reflex dagegen ist verzögert oder durch eine F-Welle mit normaler Latenz ersetzt, d. h. eine verzögerte Latenz von H – M und ein erhöhter Quotient von M:H.

Die Abb. 54 zeigt die Konstellation der Ratte L 56, die am 59. Tag nach der Immunisation diese Kriterien erfüllte.

Abb. 53. Latenzen der einzelnen Potentiale der spinalen SEP's der Einzeltiere im Verlauf, eingeteilt nach Verlaufsgruppen. Die unterste Kurve entspricht den Latenzen der R-Antwort, die mittlere Kurve den Latenzen der S-Antwort und die obere den Latenzen der A-Welle. War die A-Welle nicht sicher von kürzeren Peaks als A-Welle abgrenzbar, wurde die Latenz der späteren Antwort gestrichelt eingezeichnet

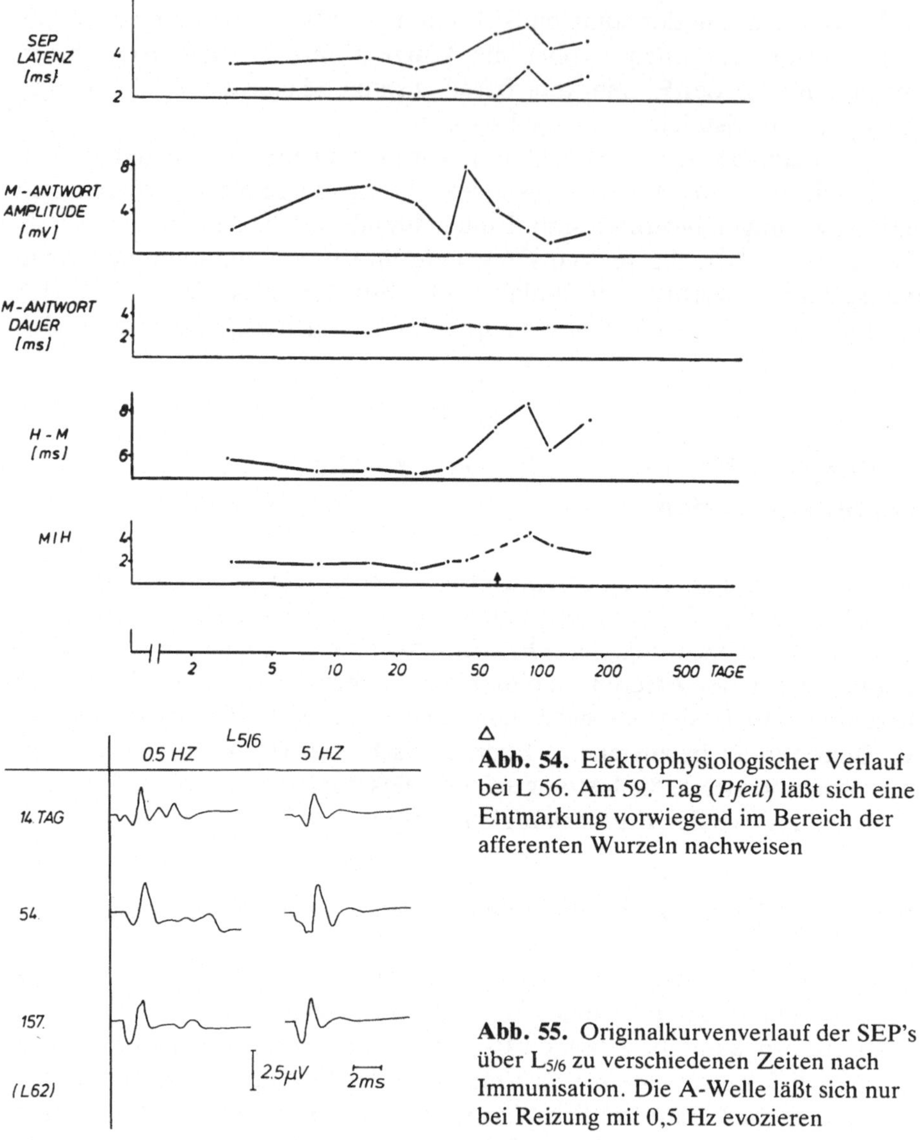

△
Abb. 54. Elektrophysiologischer Verlauf bei L 56. Am 59. Tag (*Pfeil*) läßt sich eine Entmarkung vorwiegend im Bereich der afferenten Wurzeln nachweisen

Abb. 55. Originalkurvenverlauf der SEP's über L$_{5/6}$ zu verschiedenen Zeiten nach Immunisation. Die A-Welle läßt sich nur bei Reizung mit 0,5 Hz evozieren

5.4.2 Entmarkung vorwiegend der efferenten Wurzeln des N. tibialis

L 62 zeigt am 87. Tag nach der Immunisierung ein Läsionsmuster, das für eine vorwiegende Entmarkung in den Vorderwurzeln typisch ist (Abb. 57). Die Interpeaklatenz zwischen S- und A-Antwort ist deutlich stärker verzögert als die Latenz der R- und S-Antwort. Die M-Antwort ist hinsichtlich ihrer Amplitude normal, aber etwas aufgesplittert. Die Latenz zwischen H

68

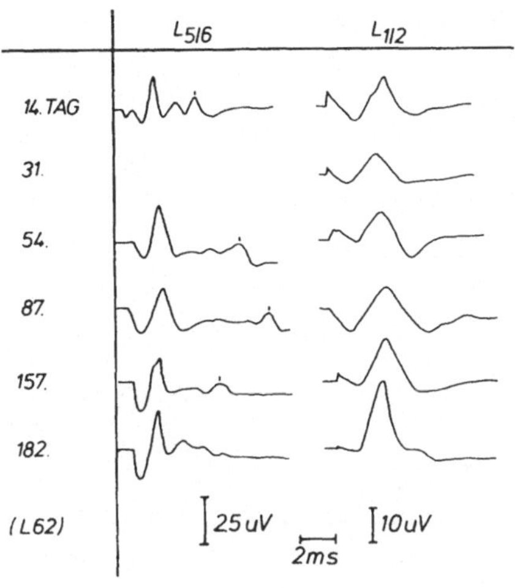

Abb. 56. SEP-Verlauf von L 62 zu verschiedenen Zeiten nach Immunisation. Es zeigt sich die deutliche Zunahme der A-Welle mit maximaler Latenz am 87. Tag und nahezu Normalisierung zum 182. Tag. Die S-Antwort über $L_{1/2}$ zeigt nur eine geringgradige Latenzverzögerung am 87. Tag

und M ist verzögert, der Quotient M:H normal. Die Aufsplitterung des M-Potentials spricht für eine leichte zusätzliche distale Läsion in den motorischen Fasern. Später im Verlauf kommt es zu einer Verzögerung im Bereich der Hinterwurzeln. Histologisch ist die Entmarkung in den Wurzeln nachweisbar, der N. ischiadicus ist weitgehend normal. In Abb. 55 und 56 sind die Originalkurven für die R- und S-Antwort sowie für die A-Welle dargestellt. Dabei zeigt Abb. 55 die Abhängigkeit der A-Welle von der Reizfrequenz. Bei 5-Hz-Reizung kann die A-Welle nicht evoziert werden.

5.4.3 Vorwiegend distale Läsion des N. tibialis

Am 30. Tag nach Immunisierung findet sich bei L 124 (Abb. 58) folgende Konstellation: die Latenz der R-Antwort ist verzögert, die Interpeaklatenzen von R – S und S – A sind normal. Die Amplitude der M-Antwort ist als Ausdruck weit distaler Läsionen vermindert, das Potential ist aufgesplittert. Deutlich verzögert ist die Latenz zwischen H – M, und der Quotient M:H ist deutlich erhöht. Die Läsion ist zwar in den distalen Abschnitten des Nerven betont, geht aber proximal über die Lokalisation der Reizelektrode hinaus. Die Wurzeln sind zu diesem Zeitpunkt ausgespart.

5.5 Verlaufsbeobachtungen im Vergleich der verschiedenen klinischen Gruppen

Nach klinischen Kriterien läßt sich unter Beachtung auftretender Paresen und der Gewichtsabnahme eine Einteilung in Formen mit perakutem, mit akutem, subakutem und chronischem Verlauf unterscheiden.

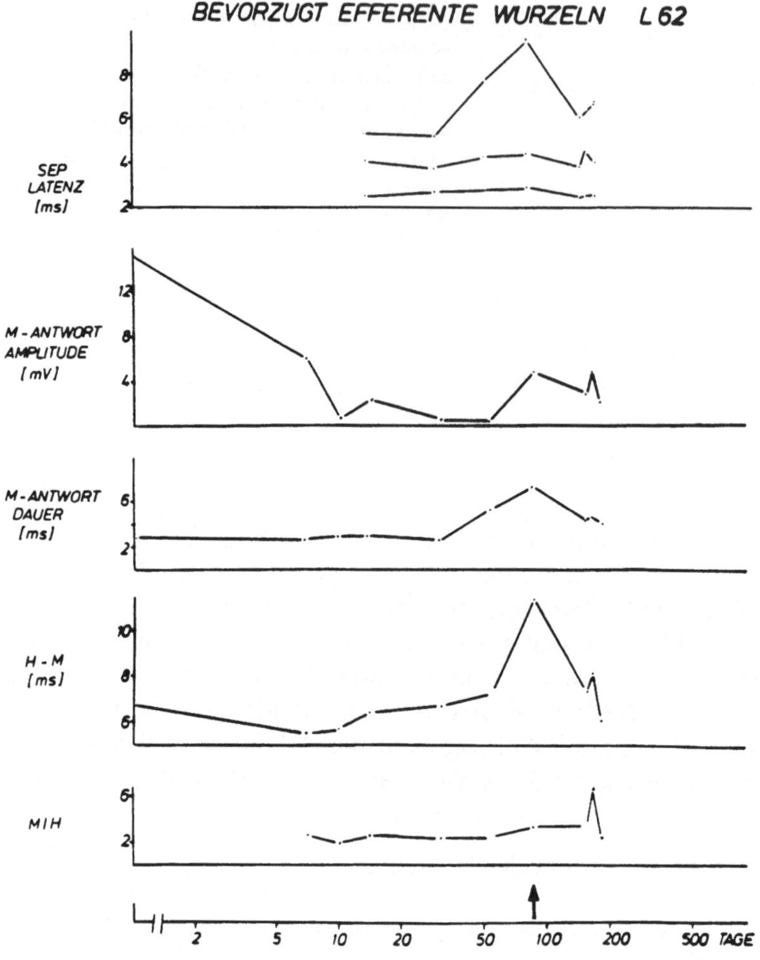

Abb. 57. Elektrophysiologischer Verlauf bei L 62. Am 89. Tag (*Pfeil*) läßt sich eine Entmarkung vorwiegend im Bereich der Vorderwurzeln nachweisen

Die chronisch progredienten, protrahiert verlaufenden und chronisch rezidivierenden Neuritiden lassen eine rein klinische Dokumentation wegen der diskreten Symptomatik häufig vermissen. Dagegen stellt sich der elektrophysiologisch faßbare Verlauf klar dar.

5.5.1 Perakute Verlaufsform (Lymphozytentransfer)

Sofort nach Injektion der Lymphozyten (LiP_2/A) in die Schwanzvene kommt es innerhalb von Minuten zu einer Amplitudendepression von M-Antwort und H-Reflex bzw. F-Welle, für die es bislang keine Erklärung gibt.

70

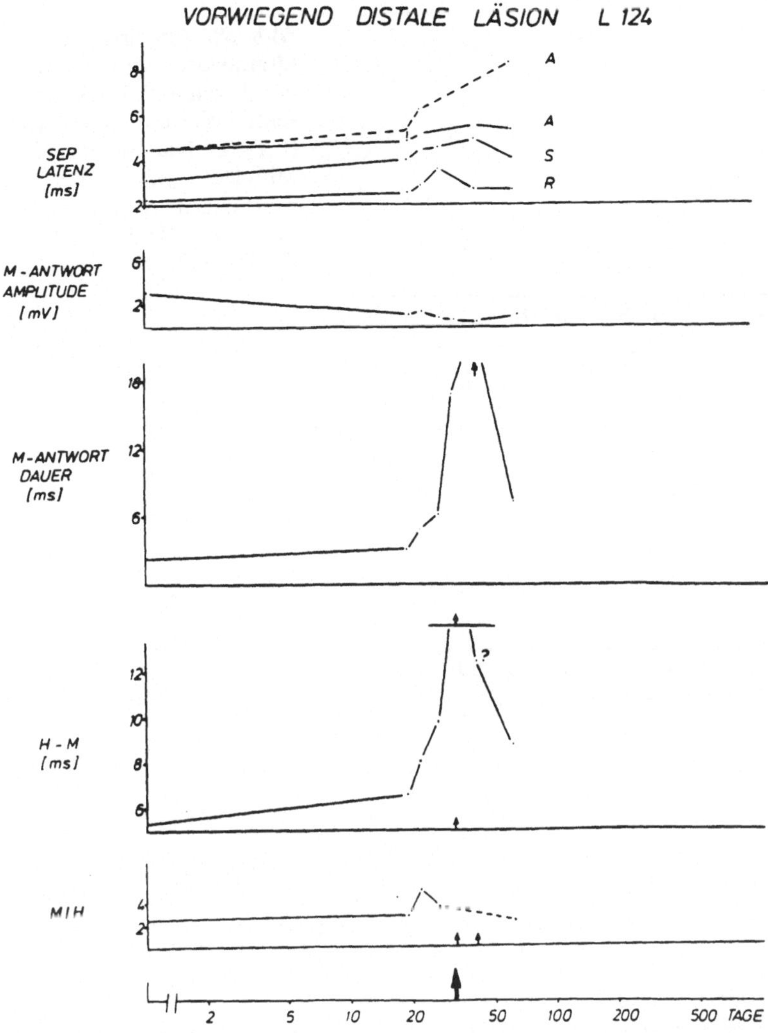

Abb. 58. Elektrophysiologischer Verlauf bei L 124. Am 30. Tag (*Pfeil*) läßt sich eine Läsion vorwiegend in den distalen Nervenabschnitten nachweisen

Die Amplitudenminderung läßt sich nur nach Injektion von Medium nachweisen und nicht nach Gabe physiologischer Kochsalzlösung. Die Menge der Lymphozyten im Medium spielt dabei keine entscheidende Rolle. In den folgenden Tagen erholt sich die Amplitude und erreicht schließlich um den fünften Tag einen Gipfel mit weit supranormalen Werten. Dieser konstant nachweisbare Amplitudenanstieg deutet auf eine Hyperexzitabilität in der Frühphase der Erkrankung, noch vor dem Einsetzen der ersten klinischen Symptome, und ist besonders ausgeprägt bei Tieren mit hoher Anzahl injizierter Lymphozyten (Abb. 59).

71

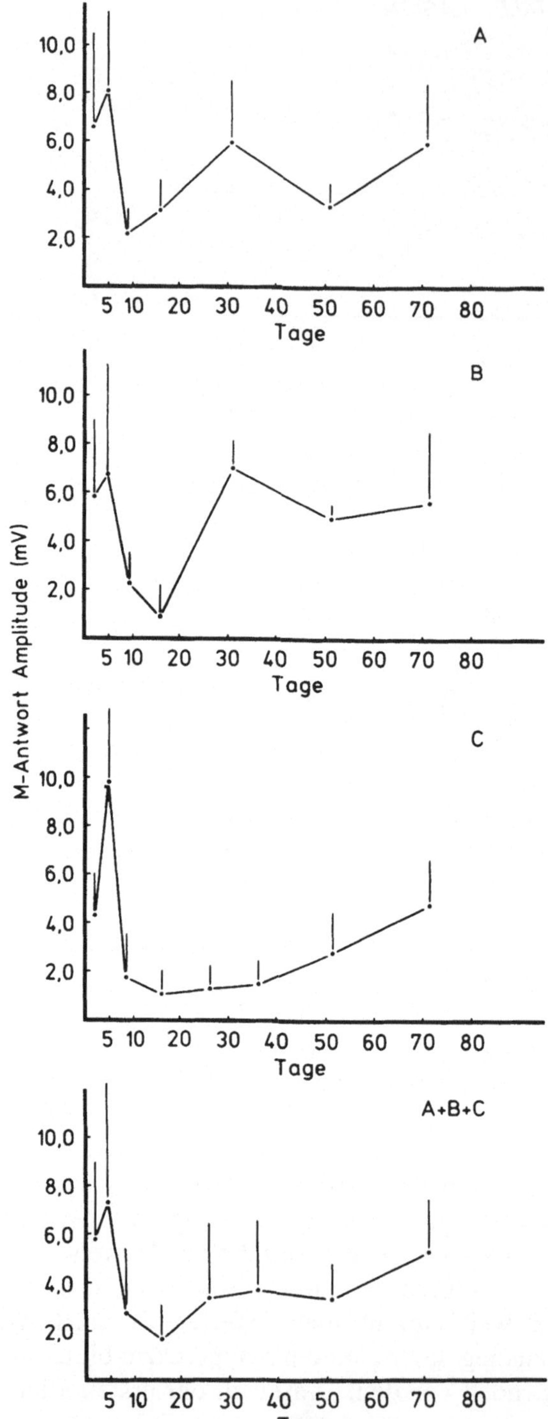

Abb. 59. Amplitude der M-Antworten zu verschiedenen Tagen nach Injektion sensibilisierter Lymphozyten (LiP$_2$/A). Dargestellt sind Mittelwerte mit Standardabweichungen (*A* 10^4 Lymphozyten, *B* 10^5 Lymphozyten, *C* 10^6 Lymphozyten)

In den folgenden Tagen zwischen dem fünften und dem neunten Tag wird die Amplitude von H-Reflex und F-Welle kleiner, bis sie schließlich völlig verschwindet. Der H-Reflex ist offensichtlich der empfindlichste Marker, um den Beginn der Erkrankung zu erkennen.

Die kontinuierliche Verzögerung der F-Wellen-Latenz — der H-Reflex ist bereits ausgefallen, ehe erste Latenzverzögerungen der F-Welle gemessen werden — führt zu einem frühen Gipfel um den 15. Tag und zu einer Normalisierung um den 50. Tag nach Lymphozytentransfer (Abb. 60).

Eine axonale Degeneration der raschesten Fasern kommt für die Verzögerung kaum in Betracht, da eine Regeneration mit Aussprossung von Axonen längere Zeit beanspruchen würde. Zeichen einer axonalen Degeneration lassen sich nur bei den Tieren nachweisen, denen eine höhere Menge Lymphozyten übertragen wurde. Die Folge ist eine F-Wellen-Verzögerung, die sich selbst nach mehr als 200 Tagen nicht erholt. Bei diesen Tieren läßt sich elektromyographisch die axonale Degeneration dann auch durch pathologische Spontanaktivität im M. tibialis anterior nachweisen.

Gemessen an den Latenzen der spinalen SEP's stellt sich ein biphasischer Verlauf mit einem frühen Peak rasch (ca. ein bis zwei Tage nach dem Beginn der Erkrankung) und einem zweiten Peak verzögerter Latenz um den 20. Tag dar. Folgende Erklärung bietet sich für diesen Verlauf an: Die frühe Verzögerung ist Folge eines akuten partiellen Leitungsblockes, verursacht durch ein Ödem in den Nervenwurzeln. Ein ausgeprägtes Wurzelödem ist von Izumo et al. (1984) zum Zeitpunkt der ersten klinischen Symptomatik histologisch beobachtet worden. Mit Rückbildung des Ödems lassen die Auswirkungen des Leitungsblockes nach, und eine langsam zunehmende Demyelinisierung führt zu einem erneuten Maximum der Leitungsverzögerung um den 20. Tag. Dieser Gipfel wird unabhängig von der Schwere der Erkrankung und der Menge injizierter Lymphozyten konstant 14 Tage nach Beginn der Erkrankung erreicht (Abb. 61).

Entsprechend dieser Vorstellung sind die raschen, innerhalb von Stunden einsetzenden Paresen (s. auch Heininger et al. 1986) als Ausdruck des akuten Leitungsblockes zu erklären, während die Demyelinisierung nur einen geringgradigen Einfluß auf die klinische Symptomatik hat. Das Maximum der Paresen ist längst überschritten, und die Tiere erholen sich bereits zum Zeitpunkt des zweiten Maximums der entmarkungsbedingten Verzögerung (Wiethölter et al. 1988).

Die Latenzverzögerung der R- ($L_{5/6}$) und S-Antwort ($L_{1/2}$) sind insbesondere bei den schwer erkrankten Tieren unterschiedlich stark ausgeprägt. Am stärksten zeigt sich die Verzögerung bei der F-Antwort. Diese geht vor allem auf Kosten einer verzögerten Interpeaklatenz R – S als Ausdruck einer Entzündung, die sich vornehmlich im Bereich der Hinterwurzeln abspielt. Über die Beteiligung der Vorderwurzeln läßt sich nur in den wenigen Verläufen eine Aussage machen, in denen konstant eine verzögerte A-Welle abge-

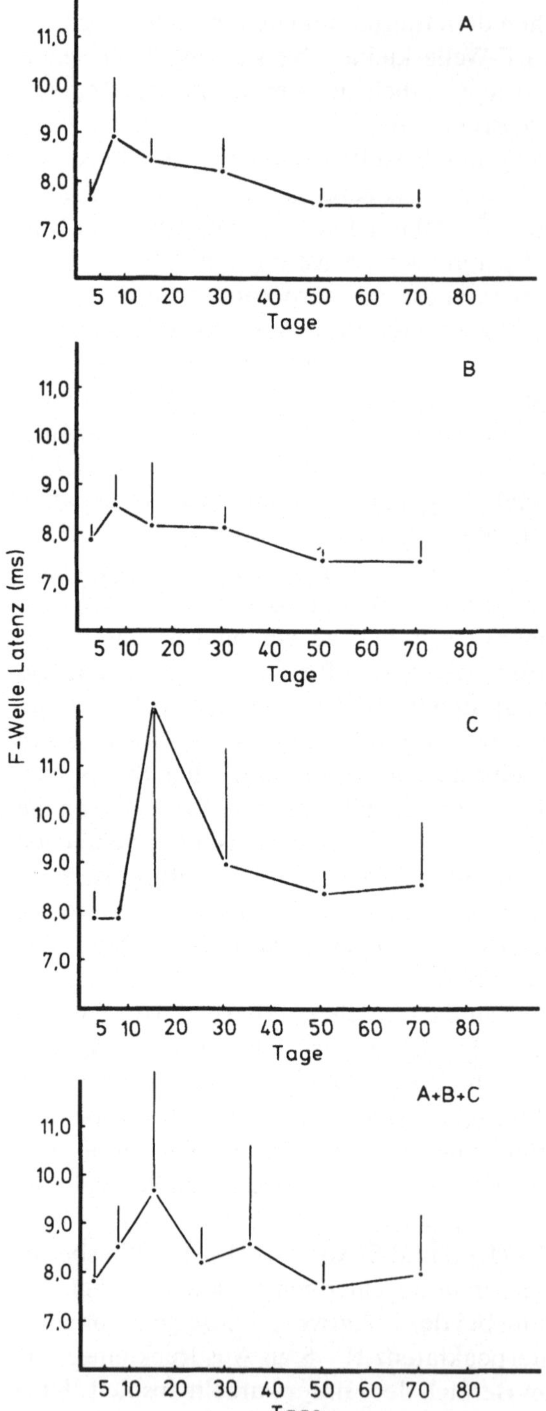

Abb. 60. F-Wellenlatenzen zu verschiedenen Tagen nach Injektion sensibilisierter Lymphozyten. Dargestellt sind die Mittelwerte mit Standardabweichungen (*A* 10^4 Lymphozyten, *B* 10^5 Lymphozyten, *C* 10^6 Lymphozyten)

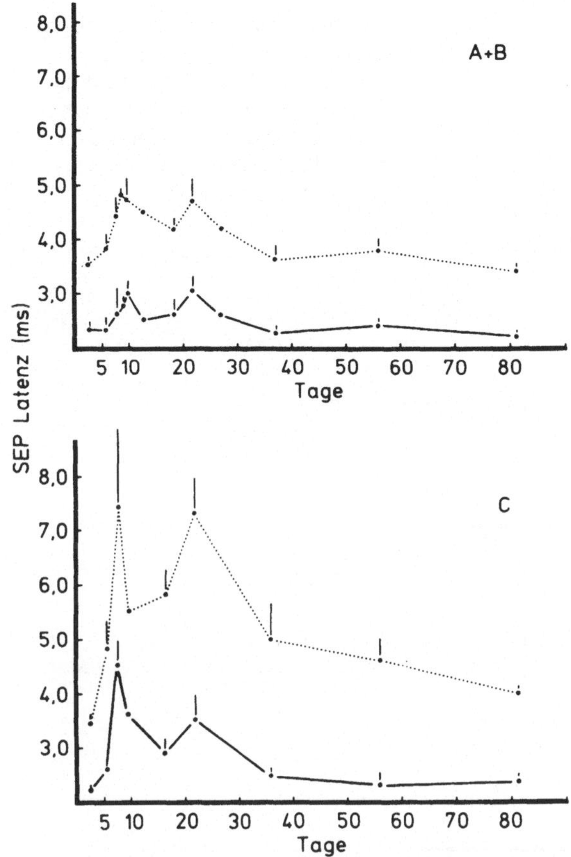

Abb. 61. SEP-Latenzen zu verschiedenen Tagen nach Injektion sensibilisierter Lymphozyten (LiP$_2$/A). Dargestellt sind die Mittelwerte mit Standardabweichung. Die durchgezogene Linie entspricht den Latenzen über L$_{5/6}$ und die gepunktete Linie den Latenzen über L$_{1/2}$ ($A + B$ 10^4 und 10^5 Lymphozyten, C 10^6 Lymphozyten)

grenzt werden konnte. Erste Zeichen der Erholung hinsichtlich sämtlicher elektrophysiologischer Meßwerte lassen sich ab der zweiten Woche nach Erkrankungsbeginn und nach Erreichen der stärksten Demyelinisierung feststellen. Nahezu vollständige Remissionen werden frühestens am 40. Tag erreicht. Bei den schwer erkrankten Tieren persistieren Leitungsverzögerungen mehr als 200 Tage nach dem Lymphozytentransfer.

5.5.2 Akute Verlaufsform (Gruppe III)

Die akute Verlaufsform der EAN entspricht den Formen, die üblicherweise in der Literatur beschrieben werden. Der klinische Beginn mit Gewichtsabnahme liegt zwischen dem 10. und dem 14. Tag. Erste Paresen zwischen dem 10. und dem 18. Tag nach Inokulation, einem Höhepunkt drei bis fünf Tage später und anschließender Erholung innerhalb von zwei bis vier Wochen, je nach Schwere der vorausgegangenen Paresen, kennzeichnen den Verlauf.

75

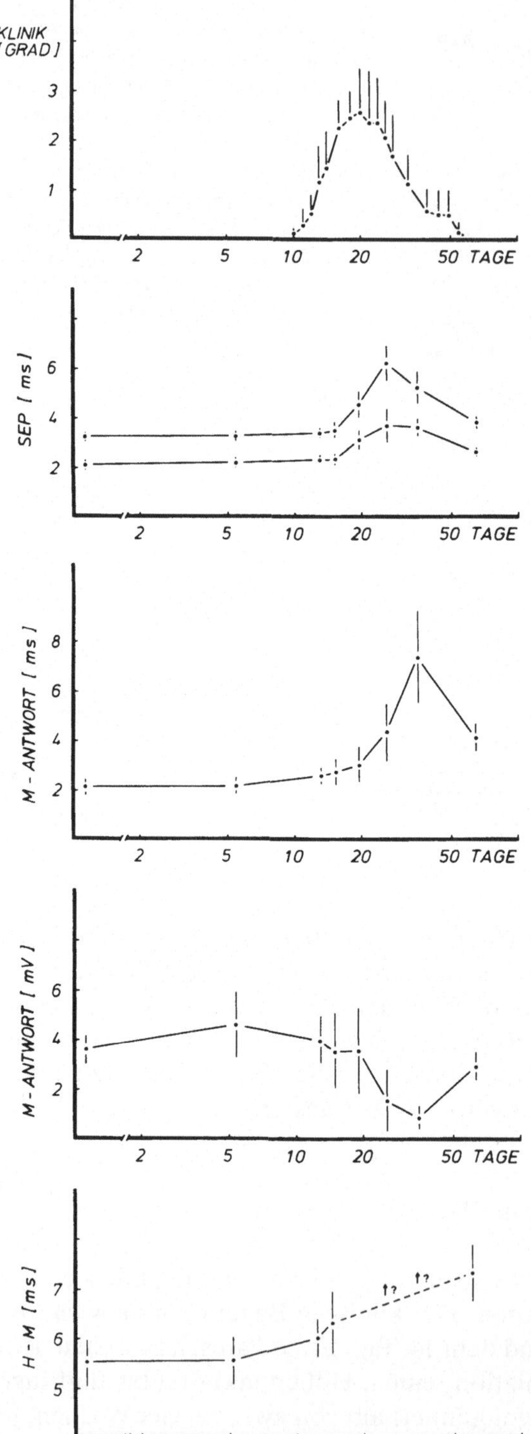

Abb. 62. Klinischer und elektrophysiologischer Verlauf in Gruppe III (L 353–382). Aufgetragen sind die Mittelwerte mit Standardabweichungen. Das ? deutet auf nicht sicher abgrenzbare F-Welle. M-Antwort (ms) = Dauer der M-Antwort

Einen Überblick über die elektrophysiologischen Veränderungen einer relativ homogenen Gruppe (L 353–382) in Relation zur Klinik gibt Abb. 62. Früh setzen Verzögerungen der SEP-Latenzen und besonders der Latenzen H — M ein. Die Klinik mit ihrem Höhepunkt am 20. Tag bildet sich am ehesten wieder zurück. In der Rückbildungsphase erst erreichen zunächst die SEP-Latenzen um den 24. Tag und noch später die Dauer der M-Antwort, die Latenz von H — M, ihren Höhepunkt, und die Amplitude der M-Antwort ihren Tiefpunkt um den 33. Tag.

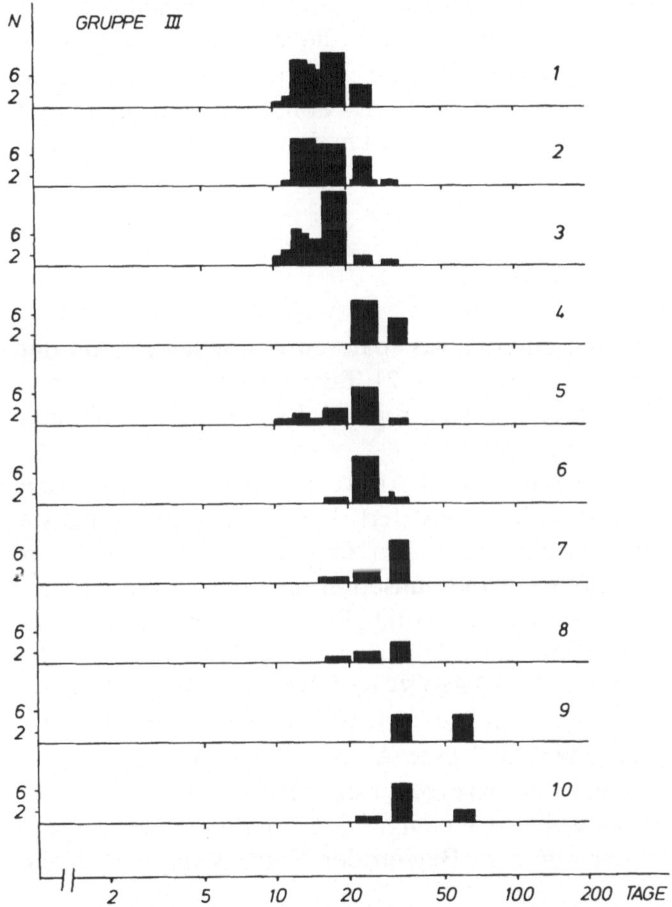

Abb. 63. Kumulierte elektrophysiologische Daten zum Verlauf in Gruppe III. *1* Früheste Amplitudenminderung von M-Antwort oder H-Reflex, *2* Frühester Anstieg des Quotienten M (mV)/H (mV), *3* Früheste Latenzverzögerung $L_{5/6}$ oder $L_{1/2}$, *4* Maximale Amplitudenreduktion der M-Antwort, *5* Erste Zeichen der Dispersion der M-Antwort, *6* Höhepunkt der Latenzverzögerung $L_{5/6}$ oder $L_{1/2}$, *7* Maximale Dispersion der M-Antwort, *8* Maximale Latenzverzögerung H–M, *9* Erste Zeichen der Amplitudenerhöhung von M-Antwort oder H-Reflex, *10* Erste Zeichen einer Rückbildung der Latenzverzögerung $L_{5/6}$ oder $L_{1/2}$

Werden sämtliche Daten der akuten Verlaufsform kumuliert und nach spezifischen Kriterien aufgetragen, ergibt sich folgendes Bild (Abb. 63): Amplitudenminderungen von M-Antwort und H-Reflex haben zusammen mit dem Anstieg des Quotienten aus M:H, der in der Regel auf Kosten der H-Reflex-Minderung geht, ihren gemeinsamen Höhepunkt in der Frühphase der Erkrankung, gefolgt von den Zeichen erster Latenzverzögerung der spinalen SEP's. Es folgen maximale Amplitudenreduktion von M-Antwort, maximal verzögerte SEP-Latenz und erste Zeichen der M-Dispersion zum gleichen Zeitpunkt um den 25. Tag, obwohl eine Verbreiterung der M-Antwort teilweise bereits sehr früh aufgetreten ist. Die maximale Dispersion der Muskelpotentiale tritt erst ein, nachdem die maximale Amplitudenreduktion bereits überschritten ist. Zur gleichen Zeit (um den 30. Tag) ist die Latenz H − M maximal verzögert. Zeichen der Amplitudenerholung und Beschleunigung der SEP-Latenzen finden sich um den 40. Tag, können aber bis zum 60. Tag auf sich warten lassen.

5.5.3 Subakute Verlaufsform (Gruppe II)

Die subakute Verlaufsform hat einen etwas späteren klinischen Beginn mit Gewichtsverlust zwischen dem 14. und dem 21. Tag und ersten Paresen zwischen dem 18. und dem 27. Tag. Die elektrophysiologischen Verläufe sind kumulativ in Abb. 64 dargestellt.

Früheste Amplitudenminderung von M-Antwort oder H-Reflex wurden ab dem 16. Tag nach Immunisation registriert. Wahrscheinlich sind erste Amplitudenminderungen aber bereits vorher eingetreten. Die in dieser Gruppe nicht vor dem 16. Tag nach Immunisation durchgeführten elektrophysiologischen Kontrollen verfälschen so möglicherweise das Bild. Zum gleichen Zeitpunkt etwa sind erstmals der Quotient M:H erhöht und die Latenz der SEP's verzögert. Da die SEP's (R- und S-Antwort) nur die sensiblen Afferenzen messen, kann man bei gleichem Verteilungsmuster von Spalte 2 und 3 davon ausgehen, daß eine Amplitudenminderung des H-Reflexes immer auch mit einer Latenzverzögerung der sensiblen Fasern verbunden gewesen ist und eine isolierte Schädigung in den proximalen motorischen Fasern nicht oder nur selten zu Beginn der Erkrankung vorgelegen hat.

Relativ früh, d. h. um den 20. Tag, läßt sich bereits eine beginnende Dispersion der M-Antwort nachweisen (Spalte 5), die als Ausdruck einer diskontinuierlichen Impulsleitung in den distalen Abschnitten zu verstehen ist.

Die maximale Amplitudenreduktion der M-Antwort (Spalte 4) folgt der frühen Latenzverzögerung und Amplitudenminderung mit gleichem Zeitabstand wie die maximale Latenzverzögerung der SEP's (Spalte 6) und die

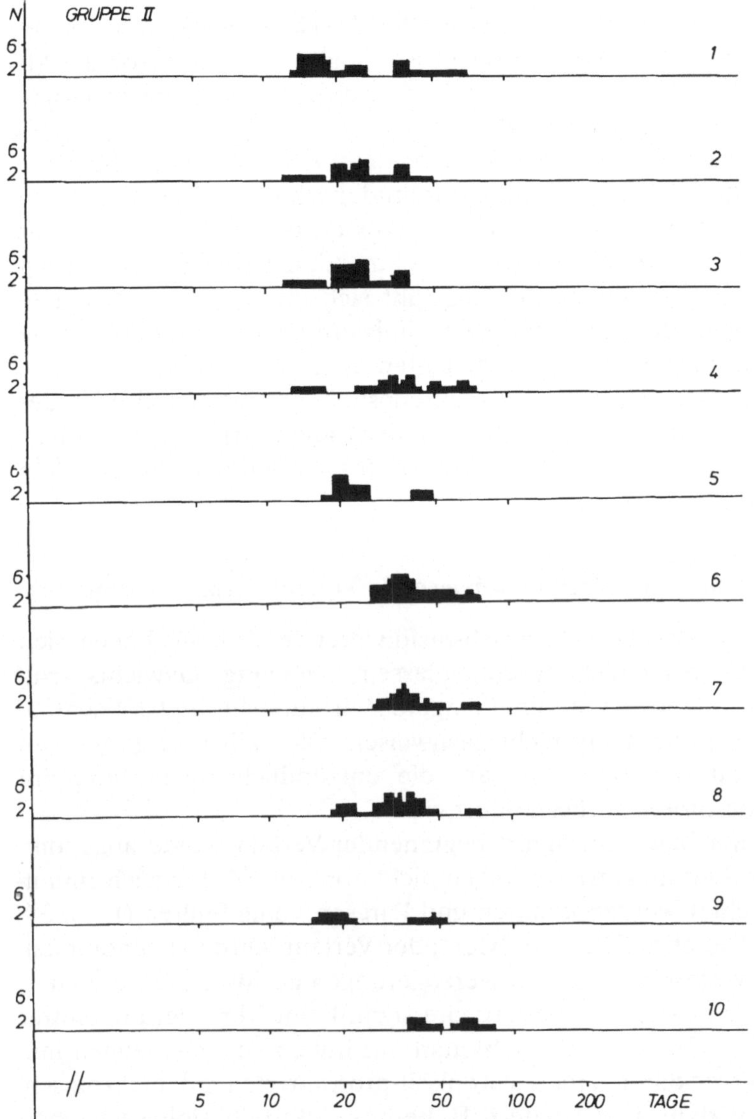

Abb. 64. Kumulierte elektrophysiologische Daten zum Verlauf in Gruppe II. *1* Früheste Amplitudenminderung von M-Antwort oder H-Reflex, *2* Frühester Anstieg des Quotienten M (mV)/H (mV), *3* Früheste Latenzverzögerung $L_{5/6}$ oder $L_{1/2}$, *4* Maximale Amplitudenreduktion der M-Antwort, *5* Erste Zeichen der Dispersion der M-Antwort, *6* Höhepunkt der Latenzverzögerung $L_{5/6}$ oder $L_{1/2}$, *7* Maximale Dispersion der M-Antwort, *8* Maximale Latenzverzögerung H–M, *9* Erste Zeichen der Amplitudenerhöhung von M-Antwort oder H-Reflex, *10* Erste Zeichen einer Rückbildung der Latenzverzögerung $L_{5/6}$ oder $L_{1/2}$

maximale Dispersion der M-Antwort (Spalte 7). Noch ehe die maximale Latenzverzögerung in den SEP's erreicht ist (Spalte 6), und bevor die M-Antwort maximal aufgesplittert ist (Spalte 7), erreicht die Latenzverzögerung H — M bereits ihr Maximum (Spalte 8).

Noch früher kommt es zu ersten Zeichen einer Amplitudenerholung der M-Antwort (Spalte 9). Die vorzeitige Amplitudenerhöhung kann nur durch die Besserung eines partiellen Leitungsblockes erklärt werden, der zuvor bestanden hat. Die Zeitabfolge einer zunehmenden Leitungsverzögerung nach einsetzender Amplitudenerhöhung läßt sich durch die extreme Leitungsverzögerung im Bereich erster Remyelinisierungen erklären, die in die Messung der sensiblen Leitgeschwindigkeiten eingeht, während blockierte Fasern nicht gemessen werden können und deshalb nur die Amplituden des Summenpotentials mindern. Erste Zeichen der Latenzverkürzung und Besserung der Leitungsgeschwindigkeit finden sich zwischen dem 40. und dem 180. Tag nach Immunisierung.

5.5.4 Chronische und chronisch-rezidivierende Verlaufsformen (Gruppe I)

Sowohl chronische als auch chronisch-rezidivierende Verläufe haben sich nach klinischen Kriterien nicht erkennen lassen. Eindeutige Gewichtsverluste von mehr als 10 % waren nur über längere Zeiträume hin zu beobachten. Paresen ließen sich überhaupt nicht nachweisen, allenfalls eine gering verminderte Aktivität der Tiere, die auf die entzündliche Schwellung im Bereich der Vorderpfoten zurückgeführt wurde.

Ein chronischer bzw. protrahiert beginnender Verlauf wurde angenommen, wenn erste Leitungsverzögerungen nicht vor dem 30. Tag nach Immunisierung beobachtet werden konnten und Paresen völlig fehlten (L 37, 38, 54, 55, 67, 68). Ein chronisch-rezidivierender Verlauf wurde angenommen, wenn zusätzlich wechselnde Leitungsverzögerungen nachweisbar waren und nach anfänglicher Besserung eine erneute signifikante Verzögerung eintrat (L 33, 34, 36, 56, 62). Nicht alle subkutan mit hohen Antigenmengen injizierten Tiere entwickelten einen chronisch-protrahierten oder chronisch-rezidivierenden Verlauf. L 66 zeigte z. B. bereits elektrophysiologisch einen Krankheitsbeginn zwischen dem 22. und 30. Tag. Paresen allerdings waren auch bei diesem Tier nicht nachweisbar.

Die kumulative Darstellung der elektrophysiologisch faßbaren Verläufe zeigt Abb. 65. Frühzeitig läßt sich bereits eine Minderung der Amplitude von M-Antwort und H-Reflex nachweisen. Der Grund für die frühe Amplitudenreduktion liegt vermutlich darin, daß in dieser Gruppe die frühe, generell kurz nach Immunisation auftretende Amplitudendepression erfaßt wurde.

In den Gruppen II und III sind derart frühe Messungen nicht durchgeführt worden. Erst viel später, mit Höhepunkt um den 40. Tag, lassen sich

80

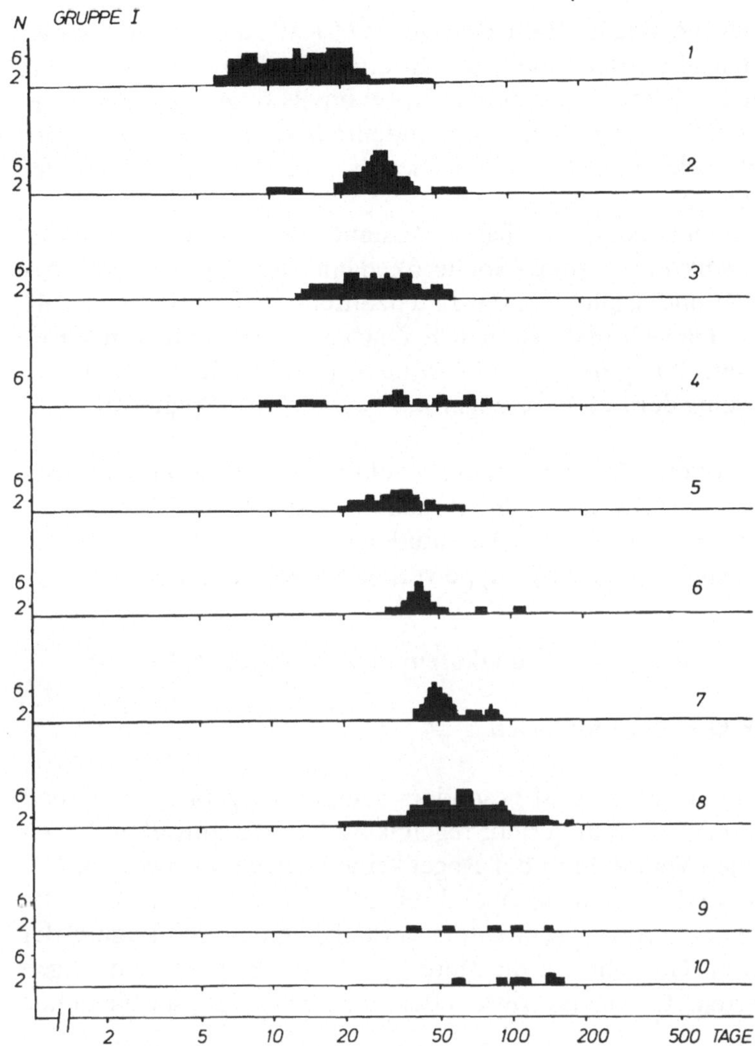

Abb. 65. Kumulierte elektrophysiologische Daten zum Verlauf in Gruppe I. *1* Früheste Amplitudenminderung von M-Antwort oder H-Reflex, *2* Frühester Anstieg des Quotienten M (mV)/H (mV), *3* Früheste Latenzverzögerung $L_{5/6}$ oder $L_{1/2}$, *4* Maximale Amplitudenreduktion der M-Antwort, *5* Erste Zeichen der Dispersion der M-Antwort, *6* Höhepunkt der Latenzverzögerung $L_{5/6}$ oder $L_{1/2}$, *7* Maximale Dispersion der M-Antwort, *8* Maximale Latenzverzögerung H–M, *9* Erste Zeichen der Amplitudenerhöhung von M-Antwort oder H-Reflex, *10* Erste Zeichen einer Rückbildung der Latenzverzögerung $L_{5/6}$ oder $L_{1/2}$

erste Zeichen einer Störung im Reflexbogen des H-Reflexes mit Anstieg des Quotienten M:H nachweisen (Spalte 2). In etwa gleichem Zeitraum sind auch die spinalen SEP's über $L_{5/6}$ und/oder $L_{1/2}$ erstmals verzögert (Spalte 3).

Der Zeitpunkt der maximalen Amplitudenreduktion der M-Antwort (Spalte 4) variiert stark und ist teilweise früher als in den Verläufen der anderen Gruppen zu sehen.

Später, mit zunehmendem zeitlichem Abstand von der Immunisation, erreichten die Latenzverzögerung (Spalte 6), dann die Dispersion der M-Antwort (Spalte 7) und schließlich die Latenzdifferenz H − M (Spalte 8) ihren Höhepunkt. Danach erst lassen sich Zeichen der Erholung in Form einer Amplitudenerhöhung der M-Antwort oder des H-Reflexes (Spalte 9) und eine Rückbildung der Latenzverzögerung $L_{5/6}$ oder $L_{1/2}$ (Spalte 10) nachweisen.

Die späte Erholung der Amplitudenreduktion der Muskelaktionspotentiale (Spalte 9) ist Hinweis auf die vornehmlich aus der Dispersion der Antwortpotentiale resultierenden Amplitudenminderung. Ein Leitungsblock als Ursache spielt in dieser Gruppe vermutlich keine Rolle.

5.5.5 Vergleich der Gruppen mit subakutem und chronischem Verlauf

5.5.5.1 Vergleich klinischer Kriterien

Die klinischen Unterschiede sind besonders deutlich ausgeprägt. Während in der Gruppe mit subakutem Verlauf regelmäßig Paresen auftreten, lassen sich bei chronischen Verläufen in der Regel keine Paresen nachweisen. Die Gewichtskurven sind dementsprechend ebenfalls deutlich voneinander unterscheidbar. Die Tiere mit subakutem Verlauf nehmen vor Beginn der Paresen deutlich an Gewicht ab, die Tiere mit chronischem Verlauf zeigen einen protrahierten Gewichtsverlust oder lediglich eine ausbleibende Gewichtszunahme.

5.5.5.2 Vergleich elektrophysiologischer Kriterien

Zeitlich ist entsprechend der Definition eine unterschiedliche Abfolge zu erwarten. Die Tiere mit dem chronischen Verlauf haben, abgesehen von einer frühen Amplitudenreduktion der M-Antwort, einen späteren Beginn des Anstiegs des Quotienten M:H und später einsetzende Latenzverzögerungen der SEP's.

Die maximale Latenzverzögerung wird später erreicht, und die ersten Zeichen einer Besserung setzen sehr viel später ein als bei der Gruppe mit subakutem Verlauf. Dies gilt insbesondere für die ersten Zeichen der Rückbildung der Latenzverzögerung der SEP's.

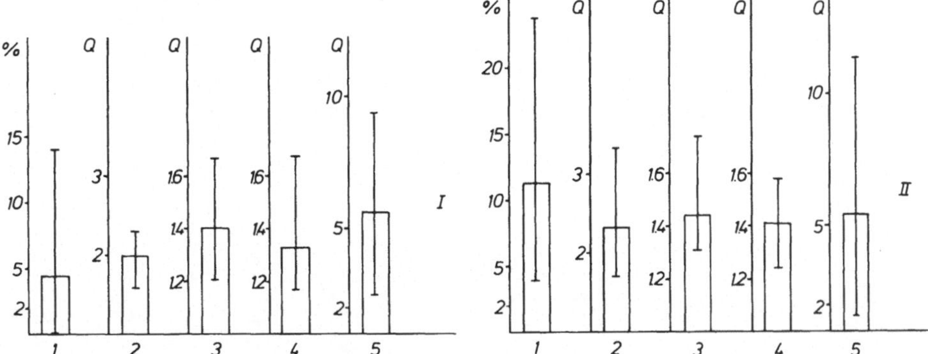

Abb. 66. Vergleich der quantitativen Unterschiede elektrophysiologischer Daten zwischen Gruppe I (L 33–68, n = 7) und Gruppe II (L 101–124, n = 7) jeweils Mittelwerte mit Variationsbreite. *1* Amplitude der M-Antwort bei maximaler Reduktion in % des Ausgangswertes, *2* Quotient aus maximaler Latenzverzögerung H–M und normaler Latenz H–M, *3* Quotient aus maximaler Leitungsverzögerung $L_{5/6}$ und Ausgangslatenz, *4* Quotient aus maximaler Leitungsverzögerung $L_{1/2}$ und Ausgangslatenz, *5* Quotient aus maximaler Dispersion der M-Antwort und Ausgangswert der Dauer der M-Antwort

Quantitative Unterschiede zwischen den Gruppen sind im wesentlichen in dem begleitenden partiellen Leitungsblock zu sehen, der bei der subakuten Gruppe eine größere Rolle spielt und vermutlich den Hauptgrund für die einsetzenden Paresen darstellt.

Häufiger als bei den Tieren mit chronischem Verlauf ist auch eine präklinische Amplitudenerhöhung der M-Antwort zu beobachten.

Zur Beurteilung des Ausmaßes der einzelnen gemessenen Parameter dient ein Vergleich der jeweiligen Quotienten aus maximal pathologischen Werten und normalen Daten bzw. der prozentualen maximalen Amplitude zum Höhepunkt der Erkrankung bei Tieren, die einen Verlauf über das Maximum hinaus verfolgen lassen. In jeder Gruppe wurden sieben Tiere gemessen (Abb. 66). Deutliche Unterschiede zwischen den Gruppen finden sich nur beim Vergleich der Amplituden der maximalen M-Antwort-Reduktion. Ursache für den Unterschied ist die in Gruppe I deutlich höhere Ausgangsamplitude als in der Gruppe II. Die Tiere der Gruppe I waren zum Zeitpunkt der Immunisation durchschnittlich etwas älter als die der Gruppe II, woraus sich vermutlich die höhere Ausgangsamplitude erklärt. Die Durchschnittswerte für minimale Amplituden sind in den beiden Gruppen mit 0,6 mV identisch. Die Quotienten der anderen Parameter unterscheiden sich nicht signifikant, obwohl die Latenzverzögerung, dargestellt in den Säulen 2, 3 und 4, in der Gruppe II jeweils etwas stärker ausgeprägt ist. Die maximale M-Dispersion ist in beiden Gruppen gleich stark.

6 Histopathologische Veränderungen im Verlauf der EAN

Zur histopathologischen Verlaufsuntersuchung gibt es bereits seit den ersten Versuchen von Waksman (Waksman u. Adams 1955) eine große Anzahl von Befunden, die den vornehmlich demyelinisierenden Charakter der Erkrankung belegen. Nach der gängigen Auffassung kommt es bei der akuten EAN am zehnten bis zwölften Tag nach der Immunisation, kurz vor dem Auftreten klinischer Erscheinungen, zu ersten histopathologisch faßbaren Veränderungen. Demnach penetrieren Lymphozyten (Emperipolese), Makrophagen und manchmal Granulozyten durch die Wand kleiner Gefäße (vor allem Venolen) insbesondere der kaudalen Nervenwurzeln (Åström et al. 1968), nachdem sie sich vorher der Gefäßwand angelegt und zur Transformation zu größeren Lymphozyten angesetzt haben. Die nachfolgende segmentale Demyelinisierung (Lampert 1969) setzt im Bereich der fokalen perivaskulären Infiltrate ein, unter Einschluß sämtlicher peripherer Nerven, d. h. auch der autonomen Nerven samt ihrer Ganglien. Bei Lewis-Ratten, die mit bovinen dorsalen Wurzeln immunisiert wurden, ist Demyelinisierung und Zellinfiltration streng auf den durch Schwann-Zellen bemarkten peripheren Nerven beschränkt. Die Demyelinisierung erfolgt in zwei verschiedenen Modifikationen: eine häufigere Makrophageninvasion und eine seltenere vesikuläre Desintegration.

Erstes Zeichen der Demyelinisierung ist die Verbreiterung des Ranvier-Schnürrings mit Retraktion des juxtanodalen Myelins (Ballin u. Thomas 1968). Makrophagen, die über endoneurale Gefäße eingewandert sind, penetrieren die Basalmembran der Schwann-Zelle und schieben ihre Zytoplasmaausläufer zwischen das äußere Mesaxon und die äußeren Myelinlamellen (stripping), um dann das Myelin zu phagozytieren (Lampert 1969; Wisniewski et al. 1969; Raine et al. 1969). Die vesikuläre Myelindesintegration ist besonders auffällig geworden bei der Galaktozerebrosid-induzierten EAN und nach intraneuraler Injektion von EAN-Seren oder Toxinen (Saida et al. 1978; Prineas u. Wright 1972). Sie herrscht auch vor bei der Marek-Erkrankung der Hühner, einer Entmarkungserkrankung, die durch eine Typ-B-Herpes-Virusinfektion ausgelöst wird.

Die Demyelinisierung läßt sich über eine variable Anzahl von Internodien beobachten. Axone und Basalmembran der Schwann-Zelle bleiben bis auf wenige Ausnahmen intakt, so daß eine Remyelinisierung ohne Probleme erfolgen kann. In der Regel bleiben auch die Schwann-Zellen selbst intakt und können nach Aktivierung zur Remyelinisierung beitragen. Teilweise werden sie aber auch durch neue ersetzt. Die neu gebildeten Markscheiden sind dünner als die präexistenten, und die neuen Internodien sind kürzer (Arnason 1984).

Mit wenigen Ausnahmen basieren die Beschreibungen auf Beobachtungen, die an histologischen licht- oder elektronenmikroskopischen Schnitten gemacht wurden. Der Nachteil histologischer Schnitte liegt in der Schnittführung, die nur in Ausnahmefällen erlaubt, auch bei peinlich exakter Längsausrichtung der Schnittebene, eine einzelne Nervenfaser über eine längere Strecke zu verfolgen. Eine Alternative bieten Zupffaserpräparationen, wie sie zur Beurteilung der Markscheide nach Osmiumfixation bereits lange Zeit eingesetzt werden (Asbury u. Johnson 1978). Um weitergehende Aussagen auch über den Funktionszustand der Schwann-Zellen und infiltrierenden Zellen machen zu können, mußten entsprechende enzymzytochemische Methoden an Zupfpräparaten entwickelt werden.

6.1 Methoden zur Darstellung enzymatischer Aktivität an peripheren Nerven

Neben der bekannten Zupfpräparation nach Osmiumfixation wurden die saure Phosphatase (SP) und die Azetylcholinesterase (AChE) dargestellt. Die SP wurde als „lysosomaler Marker" ausgewählt, und weil frühe biochemische Untersuchungen einen Anstieg an SP-Aktivität im Rahmen einer segmentalen Demyelinisierung nachgewiesen haben (Weller u. Nester 1972; Hallpike 1972).

Die Darstellung der AChE erfolgte zur Beurteilung der Nodalregion, die als sog. „Nemiloff-Ringe" mit der AChE besonders gut gezeigt werden können (Thomas 1977).

6.1.1 Zupffaserpräparation nach Osmiumfixation

Entsprechend der von Asbury u. Johnson (1978) angegebenen Methode wurden die frisch entnommenen Anteile des N. ischiadicus bzw. der intraduralen Wurzeln nach Schlitzung des Perineuriums für eine Stunde in phosphatgepuffertem Glutaraldehyd fixiert und nach Waschen in Puffer mit 2%iger OsO$_4$-Lösung nachkontrastiert und in Glyzerin aufgehellt. Die Präparation der Einzelfasern unter der Lupe und deren Einbettung erfolgte in Glyzerin.

Die osmierten Fasern geben einen hervorragenden Einblick in die Bemarkung einzelner Fasern, da nur Markscheiden, nicht aber Axone,

Schwann-Zellen oder andere Zellen angefärbt werden. Bei guter Präpara-
tionstechnik lassen sich Fasern mit einer Länge gewinnen, die sich über
mehrere Internodien erstrecken. Präparationsbedingt werden mehr dicke
Fasern gezupft als die schwierig zu bearbeitenden dünnen Fasern, so daß
Aussagen an Zupfpräparaten grundsätzlich bevorzugt für dicke Markfasern
gelten.

Sehr früh, bei der akuten EAN (Gruppe III) bereits am zwölften Tag, lassen sich erste Veränderungen in Form verbreiterter Ranvier-Schnürringe dik-
ker Fasern erkennen. In den folgenden Tagen nimmt die Demyelinisierung
laufend zu, darstellbar an der Anreicherung tropfenförmiger, mehr oder
weniger intensiv kontrastierter Markballen in der Neurilemmhülle (Abb.
67). Normal bemarkte Internodien werden abgelöst von komplett entmark-
ten Internodien, von einem bis zum nächsten oder übernächsten Ranvier-
Schnürring reichend. Neben demyelinisierten Fasern liegen völlig normale
ohne pathologische Veränderungen. Erste Remyelinisierungen lassen sich
durch gerade eben kontrastierte Faserabschnitte neben voll bemarkten
Internodien des gleichen Axons frühestens um den 18. Tag nach Immunisierung identifizieren. Die remyelinisierten Internodien sind erwartungsgemäß
sehr viel kürzer als die präexistenten.

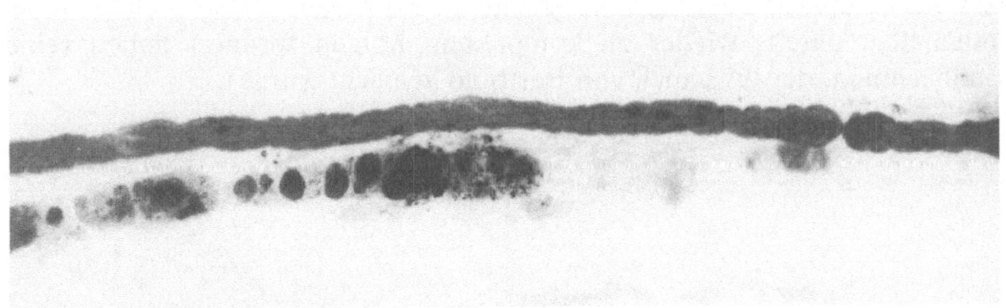

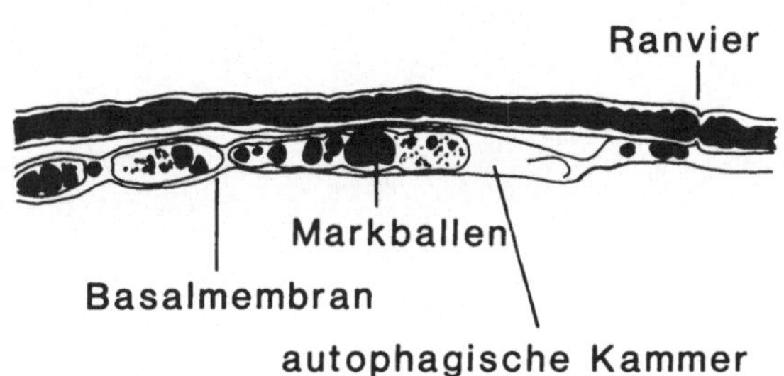

Abb. 67. Zupffaserpräparation nach Osmiumfixation bei akuter EAN (Gruppe III)
16 Tage nach Immunisierung. Dargestellt ist eine unversehrte Faser mit erhaltenem Ranvier-Schnürring und daneben eine Faser, die völlig entmarkt nur noch Markballen in einer
autophagischen Kammer nachweisen läßt. (Vergr. 800:1)

6.1.2 Zupffaserpräparationen mit saurer Phosphatasereaktion

Die frisch entnommenen Anteile des N. ischiadicus und intraduraler Wurzeln wurden, streng vor Austrocknung geschützt, unter der Lupe mit Nadeln auseinandergezupft, nachdem zuvor das Perineurium mit einer Schere aufgeschnitten worden war. Dieserart vorgezupfte Fasern wurden für 10 min in Veronalazetatpuffer plus Azeton fixiert (modifiziert nach Martinez et al. 1977). Anschließend erfolgte die histochemische Darstellung der SP nach Barka u. Anderson (1963). Nach Klärung in Glyzerin konnte die weitere Aufspaltung möglichst in einzelne Nervenfasern und kleine Gefäße zu Ende geführt werden.

Die normale Aktivitätsverteilung der SP läßt sich am Zupfpräparat besonders klar erkennen (Abb. 68).

Entsprechend der Beschreibung von Thomas (1977) kann die SP perinukleär in den Schwann-Zellen, in membranösen, multivesikulären Körperchen und im glatten endoplasmatischen Retikulum des axonalen Abschnittes unter dem Ranvier-Schnürring, insbesondere der dicken Markfasern, schließlich auch in den Schmidt-Lanterman-Inzisuren lokalisiert werden. In den Zupfpräparaten findet sich außerdem eine verstärkte Aktivität im Bereich der paranodalen Myelinendschleifen. Nicht selten akkumuliert eine intensive Anreicherung als Vesikel im Bereich der äußeren Myelinschichten bzw. im Zytoplasma der Schwann-Zellen direkt paranodal, wo sich die Myelinlamellen bereits wieder zu kompaktem Myelin formiert haben (eine Beobachtung, die 1973 auch von Berthold gemacht wurde).

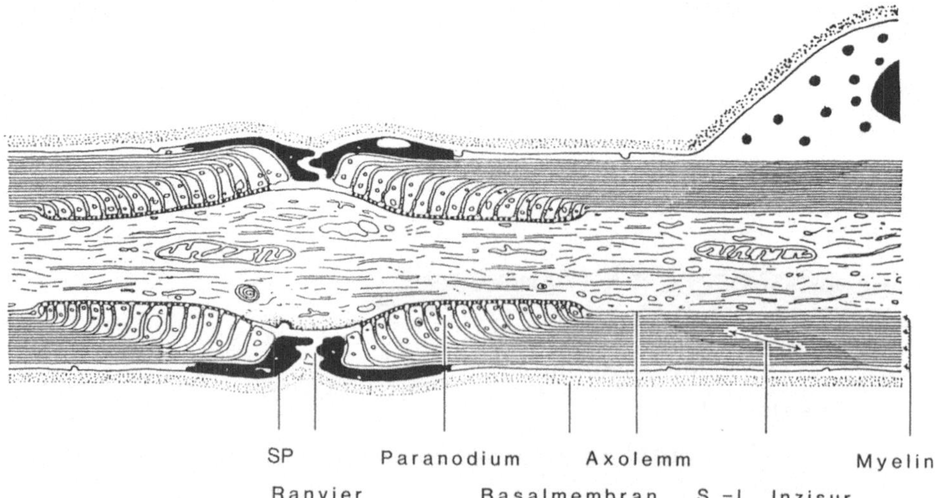

Abb. 68. Schematische Darstellung der sauren Phosphatase (SP) an Zupffaserpräparaten. SP findet sich im Bereich der Myelinendschleifen, in Lysosomen des Schwann-Zellzytoplasmas und im Bereich der Schmidt-Lanterman-Inzisur

Unter pathologischen Bedingungen, bei axonaler Degeneration nach Nervdurchtrennung, reichert sich bereits Stunden später SP im proximalen und distalen Axonstumpf an. Die Schwann-Zellen reagieren nicht.

Bei experimenteller Entmarkung, z. B. durch Diphtherietoxin (Weller u. Nester 1972), die fünf Tage nach intraneuraler Toxininjektion zu einer segmentalen Demeylinisierung führt, läßt sich in dünnen Fasern bereits vorher eine Aktivitätsanreicherung der SP im Zytoplasma der Schwann-Zelle erkennen. In den dünnen Fasern erfolgt der Myelinabbau dann über das gesamte Internodium mit Aufnahme der Abbauprodukte in autophagische Kammern. Die dicken Fasern, die erst später ihre Markscheide verlieren, lösen zu dem frühen Zeitpunkt ihre Myelinendschleifen von der axonalen Anheftung. Die dadurch bedingte Verbreiterung des Schnürrings im Sinne einer paranodalen Demyelinisierung verläuft ohne verstärkte Anreicherung lysosomaler Enzyme.

Vergleichbare Demyelinisierungsvorgänge werden für die EAN beim Meerschweinchen beschrieben (Martinez et al. 1977). Besonders ausgeprägt fanden sich Entmarkungsvorgänge im Bereich entzündlicher perivaskulärer Infiltrate. Schwann-Zellen mit direktem Kontakt zu Makrophagen waren am deutlichsten aktiviert mit hoher Aktivität an SP.

In eigenen Untersuchungen an 68 Ratten mit akuter EAN fand sich in proximalen Ischiadikusregionen und in den Wurzeln ein SP-Aktivitätsmuster, das den Befunden von Weller und Martinez weitgehend ähnelt.

Sehr früh, bereits zwischen dem zehnten und dem zwölften Tag nach Immunisierung, lassen sich in den kleinen mitgezupften Gefäßen (Arteriolen und Venolen) vermehrt Lymphozyten nachweisen (Abb. 69). Eine paranodale Demyelinisierung ist gelegentlich erkennbar. Einzelne Schwann-Zellen sind bereits aktiviert. Makrophagen sind nicht anwesend.

Zwei bis vier Tage später ist die Entmarkung bereits in vollem Gange. In den Gefäßen finden sich noch einige Lymphozyten, während außen reichlich aktive Monozyten/Makrophagen an der Gefäßwand haften (Abb. 70). Daneben lassen sich zahlreiche Mastzellen erkennen. Die Entmarkung betrifft vor allem die dünnen Fasern, die bereits über große Strecken, d. h. mehrere Internodien, völlig entmarkt sind. An diesen Fasern lassen sich zahlreiche flach anliegende, hochaktive Makrophagen erkennen. Es läßt sich allerdings lichtmikroskopisch nicht sicher entscheiden, ob es sich hierbei ausschließlich um Makrophagen handelt, und ob diese immer unter das Zytoplasma der Schwann-Zellen gewandert sind. Die seltenere paranodale Demyelinisierung der dicken Fasern läßt nur eine verstärkte SP-Aktivität im Bereich der abgelösten Myelinschleifen erkennen. In wenigen Ausnahmen ist auch am Ranvier-Schnürring selbst eine starke SP-Reaktion nachweisbar. Die reine paranodale Verbreiterung des Ranvier-Schnürrings scheint besonders bei Tieren mit leicht verzögertem Krankheitsbeginn aufzutreten. In den dicken Fasern beginnt also die Demyelinisierung nahezu ausschließlich

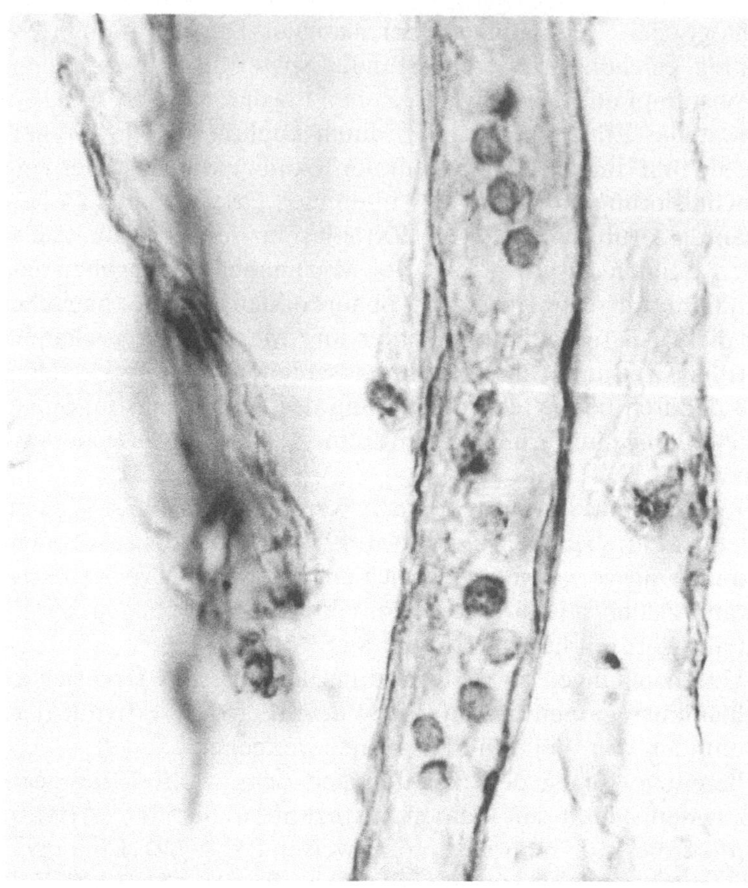

Abb. 69. Zupfpräparation einer Venole mit SP-Darstellung 12 Tage nach Immunisierung. Im Gefäß läßt sich eine Anzahl von ebenfalls SP-positiven Lymphozyten finden, die wegen ihrer Ausstattung mit SP vermutlich als T-Lymphozyten zu bewerten sind. (Vergr. 1000:1)

im Bereich der Schnürringe. Reicht sie deutlich über die benachbarte Paranodalregion hinaus, sind regelmäßig auch phagozytierende Makrophagen zu sehen. Sie bilden zusammen mit der Schwann-Zellhülle über das gesamte Internodium reichende autophagische Kammern (Abb. 71 und 72). Inwieweit auch Schwann-Zellen mit reicher SP-Aktivität an der Myelindegradation beteiligt sind, läßt sich anhand dieser Methode nicht sicher entscheiden.

Später, 18–24 Tage nach der Immunisierung, sind Lymphozyten aus den Gefäßen ausgewandert. Im Unterschied zu den Makrophagen liegen sie meist beziehungslos zwischen den Nervenfasern, während die Makrophagen den Gefäßen oder den Fasern anhaften. Je stärker entmarkt die Fasern sind, desto häufiger sind Lymphozyten auch direkt an den Fasern zu finden. Die

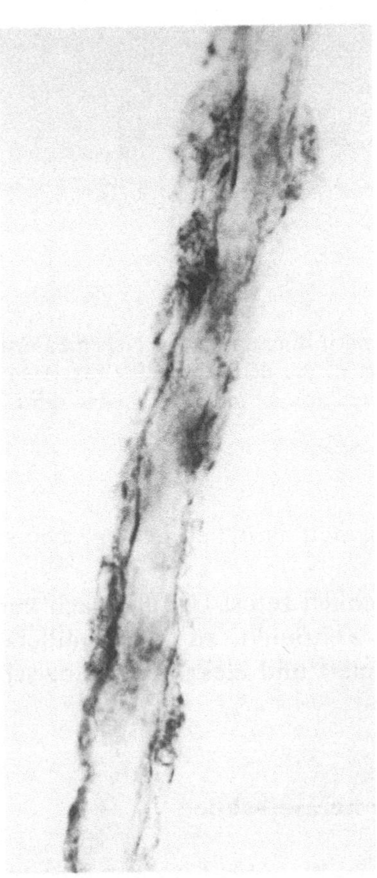

Abb. 70. Zupfpräparation einer Venole mit SP-Darstellung 14 Tage nach Immunisierung. Dem Gefäß außen anhaftend reichlich intensiv positiv reagierende Makrophagen, während im Gefäßlumen nur noch vereinzelt Lymphozyten zu finden sind. (Vergr. 600:1)

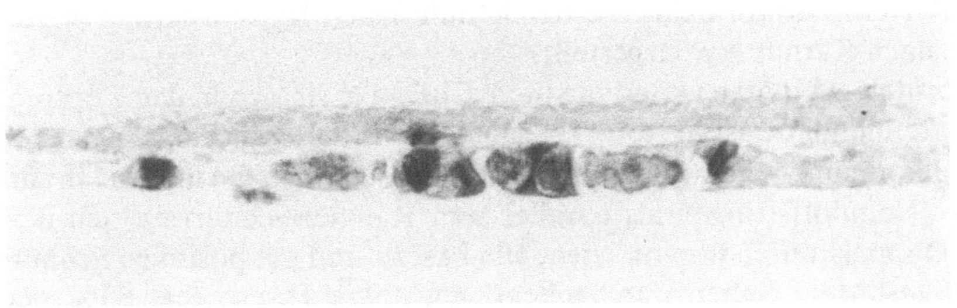

Abb. 71. Zupffasern mit Darstellung der SP 18 Tage nach Immunisierung. Neben einer normalen Faser eine in Demyelinisierung begriffene Markfaser, die innerhalb des Neurilemms intensiv positiv dargestellte die Markballen umschließende Zellen erkennen läßt. (Vergr. 600:1)

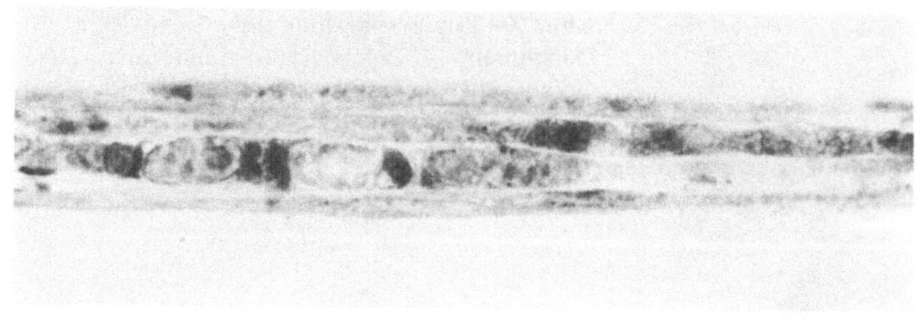

Abb. 72. Zupffasern mit Darstellung der SP 18 Tage nach Immunisierung. Neben Fasern mit sicherer Zellinfiltration lassen sich Fasern erkennen, die deutlich positiv reagieren, ohne einzelne Zellen abgrenzen zu lassen. Die SP-Reaktion ist in diesen Fasern diffus. (Vergr. 600:1)

aktive Demyelinisierung scheint an diesen Axonen dann bereits abgeschlossen.

SP-positive Makrophagen lassen sich reichlich selbst 60 Tage nach der Immunisierung noch nachweisen, zu einem Zeitpunkt, zu dem sämtliche Tiere mit akuter EAN klinisch bereits komplett und elektrophysiologisch meist weitgehend gesund sind.

6.1.3 Zupffaserpräparation mit Azetylcholinesterasereaktion

Die frisch postmortal entnommenen Anteile des N. ischiadicus und intraduraler Wurzeln wurden, sorgfältig vor Austrocknung geschützt, unter der binokularen Lupe mit feinen Nadeln vorgezupft, nachdem zuvor das Perineurium aufgeschnitten worden war. Die Fixation erfolgte in 4%igem phosphatgepuffertem Paraformaldehyd für 30 min. Nach Trypsinisierung wurde die AChE nach Karnovsky dargestellt.

Die normale Aktivitätsverteilung der AChE, wie sie sich in den Zupfpräparaten erkennen läßt, ist in Abb. 73 schematisch wiedergegeben.

Vor vollkommen ungefärbtem Hintergrund heben sich die intensiv braun gefärbten „Nemiloff-Ringe" als parallel zum Ranvier-Schnürring sich darstellende Doppelstreifen hervor. Nicht alle Fasern sind mit positiven Schnürringen ausgestattet. Neben durchgehend negativen Fasern (ca. 60% der gezupften Fasern) stellen sich die positiven Fasern mit durchweg reaktiven Schnürringen dar. Vor allem die dick bemarkten Fasern sind besonders häufig positiv. Die dünnen Fasern sind nicht nur seltener, sondern auch geringer AChE-aktiv. Außerdem sind sie in Relation zu der Faserdicke sehr viel breiter und übergreifen spangenartig den gesamten Nodalbereich. Die von Thomas (1977) beschriebene AChE-Aktivität am Axolemm des intakten Nerven konnte mit unserer Methode nicht dargestellt werden.

92

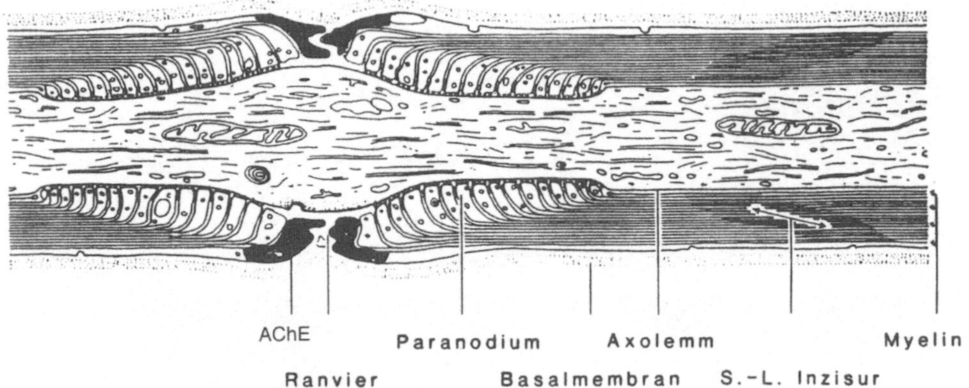

Abb. 73. Schematische Darstellung der Azetylcholinesterase (AChE) an Zupffaserpräparationen. Positiv reagieren die direkt den Ranvier-Schnürring begrenzenden Myelinendschleifen

Bei der EAN läßt sich besonders die paranodale Demyelinisierung mit dieser Methode sehr gut erkennen. Erstmals bereits zehn bis zwölf Tage nach der Immunisation lassen sich Fasern mit eindeutig verbreiterter Nodalregion nachweisen. Typischerweise sind die Myelinlamellen vom Axon in der Paranodalregion abgelöst und haben sich zurückgezogen, ohne dabei ihre AChE-Aktivität zu verlieren. Die Myelinretraktion erfogt dabei innerhalb der Basalmembran und unterhalb der äußeren zytoplasmatischen Schwann-Zellhülle (Abb. 74).

Eine zunehmende Demyelinisierung mit Makrophageninvasion zerstört auch die AChE, die nur in den Paranodien der angrenzenden intakten Internodien aktiv bleibt. Die komplett demyelinisierten Axone sind z.T. mit kleinen, schwach AChE-positiven Partikeln besetzt.

Bei der Remyelinisierung reichen bereits sehr wenige Myelinlamellen aus, um einen AChE-positiven Ranvier-Schnürring auszubilden.

6.2 Frühe morphologische Veränderungen bei der akuten EAN

Mit wenigen Ausnahmen sind die dargestellten enzymzytochemischen Untersuchungen an Tieren mit akuter EAN (Gruppe III) durchgeführt worden, da nur in dieser Gruppe ein verläßlich vorraussagbarer klinischer Verlauf zu erwarten war, und zudem nur ein weitgehend synchroner Verlauf eine ausreichende Zuordnung morphologischer Daten zur Klinik gewährleistet. Der Versuch, die pathomorphologischen Veränderungen zeitlich zu ordnen, läßt sich am besten anhand von unterschiedlichen drei Entwicklungsstadien (Wiethölter et al. 1987) verwirklichen (Abb. 75):

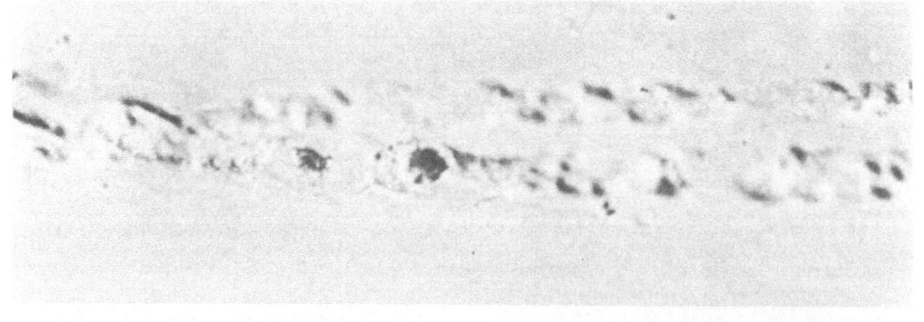

a

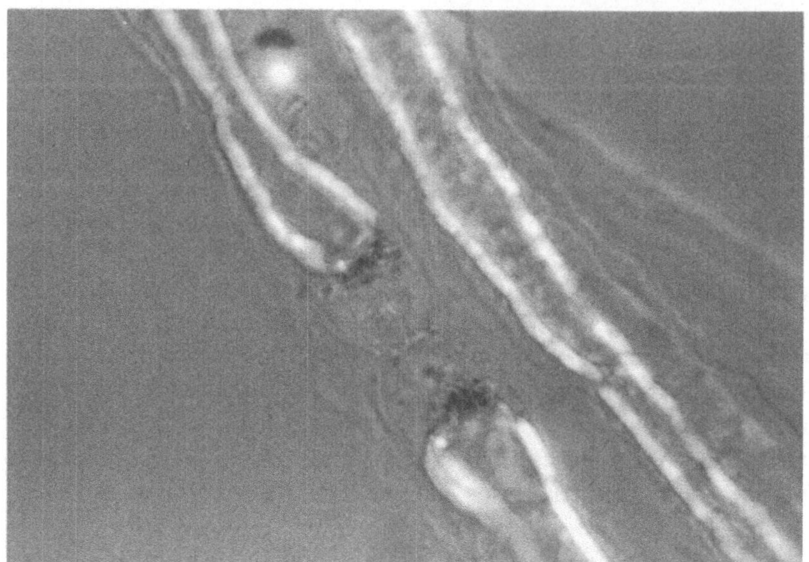

b

Abb. 74 a, b. Darstellung der AChE an Zupffasern 14 Tage nach Immunisierung. **a** Deutliche Verbreiterung des Ranvier-Schnürrings, sichtbar an dem großen Zwischenraum zwischen den AChE-positiven Endschleifen (Vergr. 500:1). **b** Paranodale Demyelinisierung, die durch die Interferenz-Phasenkontrast-Mikroskopie besonders gut dargestellt wird. Die Myelinendschleifen (AChE-positiv) haben sich unter dem erhaltenen Neurilemm bzw. der äußeren Schwann-Zellhülle zurückgezogen. (Vergr. 1000:1)

Stadium I (Homingphase): Sie ist gekennzeichnet durch eine intravasale Lymphozyten- und Thrombozytenstase mit Anlagerung an das Gefäßendothel. Dieser Vorgang ähnelt dem „homing" von Lymphozyten in lymphatischen Organen im Bereich der „high endothelial venules", spezialisierten, zur Lymphozytenemigration prädestinierten Gefäßen. Eine gleichartige Endothelbesonderheit hat sich allerdings an den Gefäßen des peripheren Nerven nicht nachweisen lassen. Entsprechend der SP-Aktivität mit punktförmiger zytoplasmatischer Anreicherung befinden sich nahezu ausschließlich T-Lymphozyten in den Gefäßen; gemäß immunhistochemischer Darstellung sind es vor allem Lymphozyten vom T-Helfer-Phänotyp. Eine gesteigerte Aktivität in den Schwann-Zellen zeigt sich an vermehrter Darstellung

94

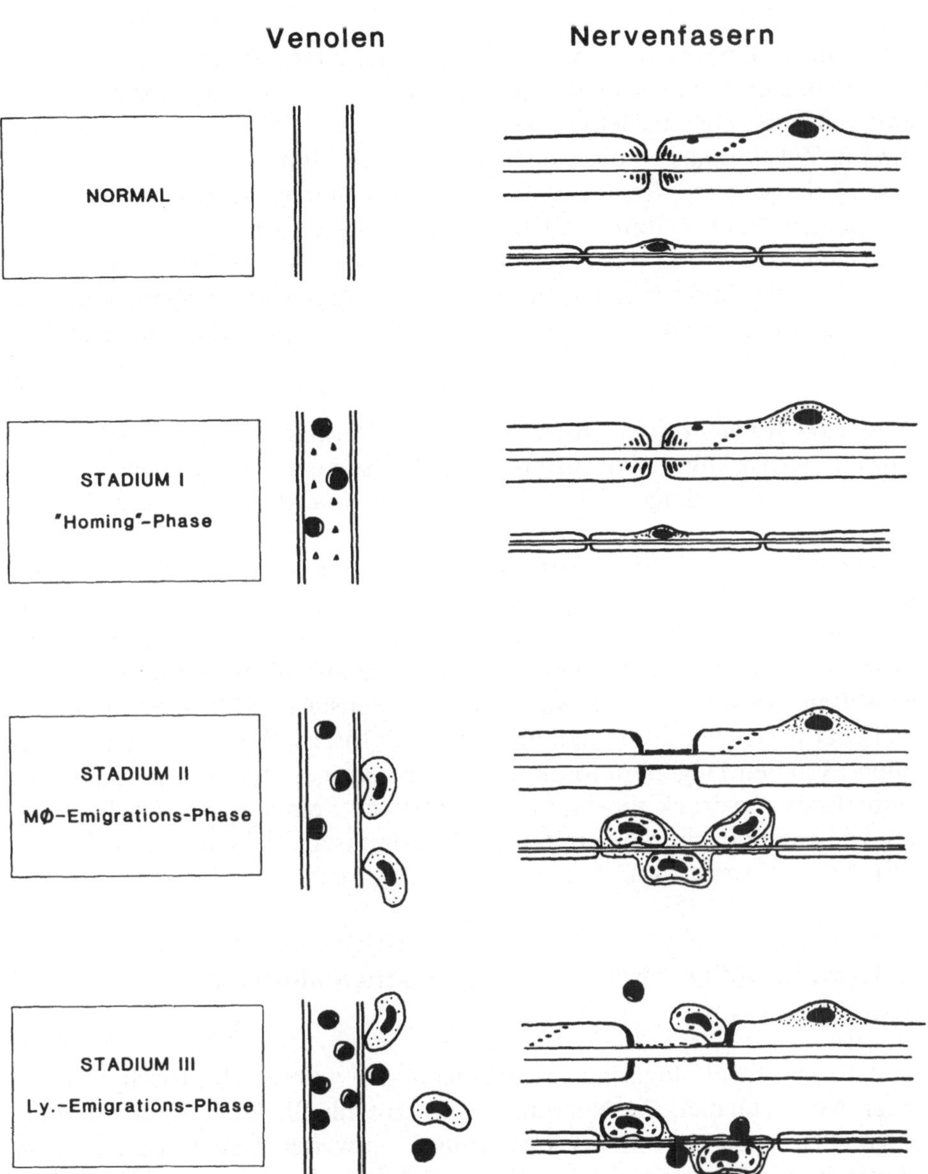

Abb. 75. Schematische Darstellung der Entwicklung der akuten EAN in drei Stadien

von zytoplasmatischer SP. In histologischen Schnitten läßt sich eine gestörte Blut-Nerven-Schranke an einem ausgeprägten, meist subperineural angereicherten, eiweißreichen Ödem erkennen (s. auch Powell et al. 1983).

Stadium II (Makrophagenemigrationsphase): Wenige Lymphozyten, insbesondere aber Makrophagen, sind ausgewandert und liegen perivaskulär. Die großen, dick bemarkten Nervenfasern sind paranodal demyelinisiert, d. h. die paranodalen Myelinschleifen haben sich vom Axon gelöst und sich vom Ranvier-Schnürring zurückgezogen, wobei zumindest zu Beginn das Schwann-Zellzytoplasma die Nodalformation als Hülle noch aufrechterhält. Funktionell ist diese Region nach klinischen und elektrophysiologischen Erfahrungen bereits durch einen Leitungsblock gestört. In den dünn bemarkten Fasern sind einzelne Internodien über ihre gesamte Länge entmarkt und mit Makrophagen angefüllt, die unter das Schwann-Zellzytoplasma gedrungen sind und reichlich Markabbauprodukte phagozytiert haben.

Stadium III (Lymphozytenemigrationsphase): Vermehrt sind nunmehr Lymphozyten perivaskulär anzutreffen, die teilweise auch das Parenchym diffus infiltrieren. Makrophagen führen in den dick bemarkten Fasern die Demyelinisierung fort.

Entzündliche Infiltrate, später mit relativer Zunahme von T-Suppressor-Lymphozyten, sind noch lange nach der klinischen Remission zu finden. Makrophagen mit und ohne Myelinabbauprodukte lassen sich bei schwerem klinischem Verlauf noch Monate nach der Immunisation in großer Anzahl nachweisen (Stevens et al. 1988). Die Remyelinisierung führt zu dünneren, lamellenärmeren Markscheiden und kürzeren Internodien. Zu einer begleitenden axonalen Degeneration kommt es bei ausgeprägten Entzündungen, eventuell als Ausdruck eines „bystander effect", einer unspezifischen Wirkung von entzündlichen Infiltraten auf Nervenfasern (Wisniewski u. Bloom 1975).

6.3 Histopathologischer Vergleich zwischen akuter und chronischer EAN

Für die histomorphologischen Untersuchungen wurden die frisch entnommenen Nn. ischiadici, die Nervenwurzeln einschließlich der Cauda equina, gelegentlich auch der M. gastrocnemius, entweder sofort für Kryostatschnitte in mit flüssigem Stickstoff vorgekühltem Isopentan auf Korkplättchen aufgefroren oder in 4%igem Glutaraldehyd fixiert und für die lichtmikroskopische Untersuchung in Paraffin und für die elektronenmikroskopische Untersuchung in Araldit eingebettet und entsprechend geschnitten.

6.3.1 Topographische Verteilung der Schädigung

Nach mikroskopischen Kriterien ließen sich entzündliche Infiltrate und Demyelinisierungsvorgänge in sämtlichen untersuchten Nervenabschnitten nachweisen. Am häufigsten und am stärksten ausgeprägt fanden sie sich im

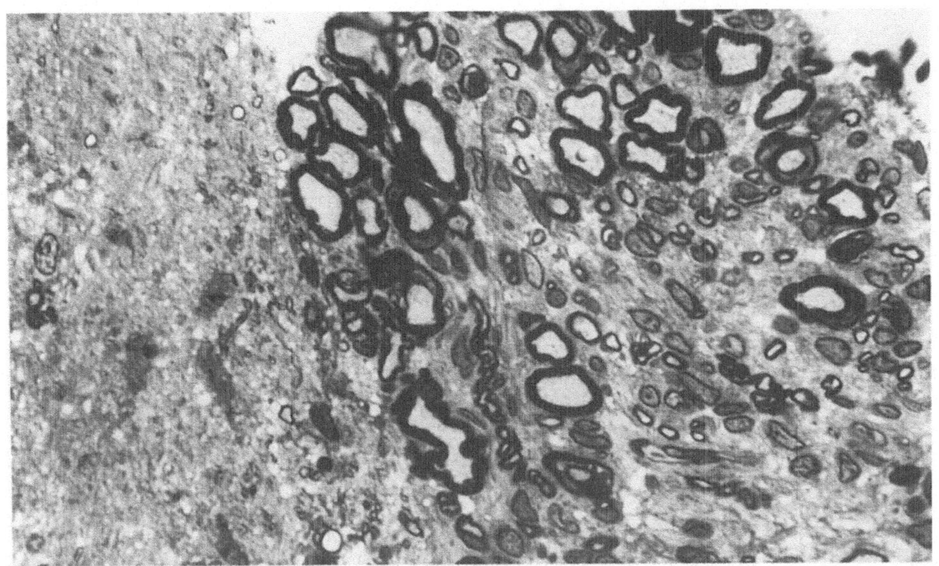

Abb. 76. Entzündliche Infiltrate im Bereich der Wurzeleintrittszone (Semidünnschnitt nach Aralditeinbettung, Toluidinblau, Vergr. 400:1)

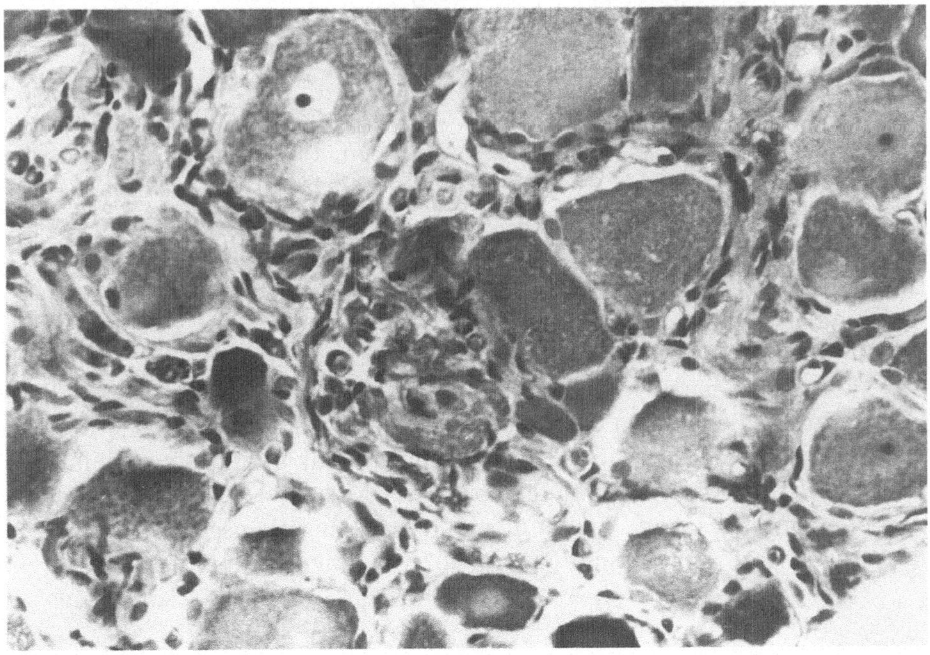

Abb. 77. Entzündliche Infiltrate im Spinalganglion bei akuter EAN 24 Tage nach Immunisation (Kryostatschnitt, Kresyl-Violett, Vergr. 400:1)

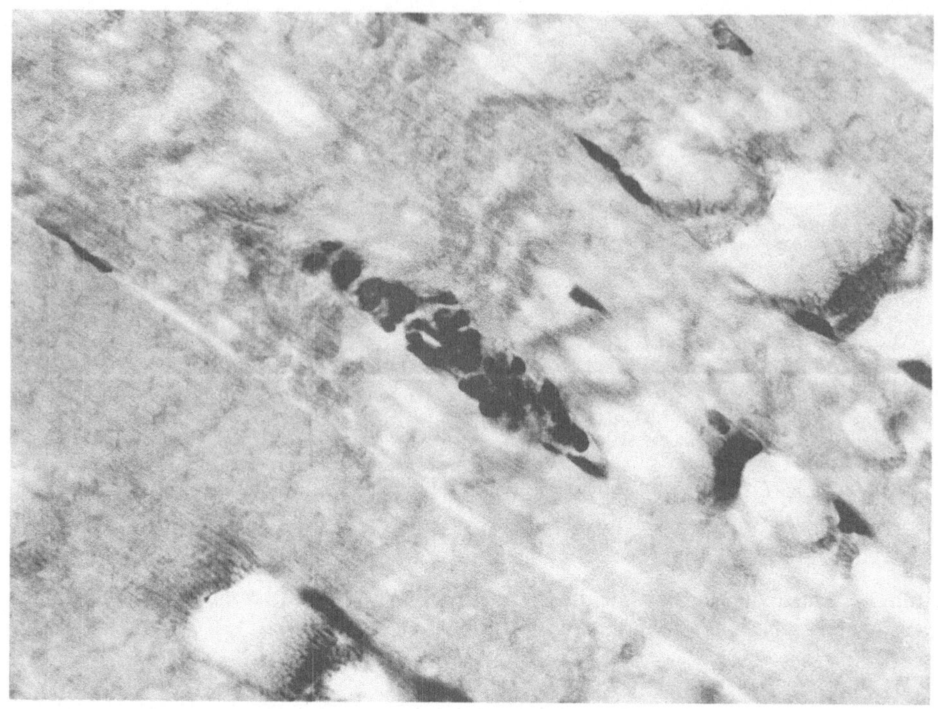

Abb. 78. Entzündliche Infiltrate im M. gastrocnemius bei akuter EAN 24 Tage nach Immunisation (Kryostatschnitt, HE, Vergr. 400:1)

Bereich der Nervenwurzeln und der Cauda equina, streng begrenzt auf die Schwann-Zellen-bemarkten peripheren Nerven, teilweise bis hinein in die Wurzeleintrittszone (Abb. 76). Besonders deutlich war die proximale Betonung in den chronisch-progredienten bzw. chronisch-rezidivierenden Verläufen. Bei der akuten EAN (Gruppe III) war die Verteilung etwas variabler. Eine Differenzierung zwischen Vorder- und Hinterwurzeln ist nicht erfolgt. Entzündliche Infiltrate fanden sich außerdem in den Spinalganglien (Abb. 77) und im gesamten Verlauf des untersuchten Ischiadicus. Ganz vereinzelt war auch der M. gastrocnemius mit Entzündungszellen infiltriert (Abb. 78). Die Betonung der Läsion entsprach recht gut der aufgrund der elektrophysiologischen Befunde erwarteten Lokalisation. Unklar allerdings bleibt weiterhin der frühzeitige Amplitudenverfall der M-Antwort, der, von wenigen Ausnahmen abgesehen, kein entsprechendes histologisches Korrelat im Muskel mitsamt seinen feinen Nervenaufzweigungen erkennen ließ.

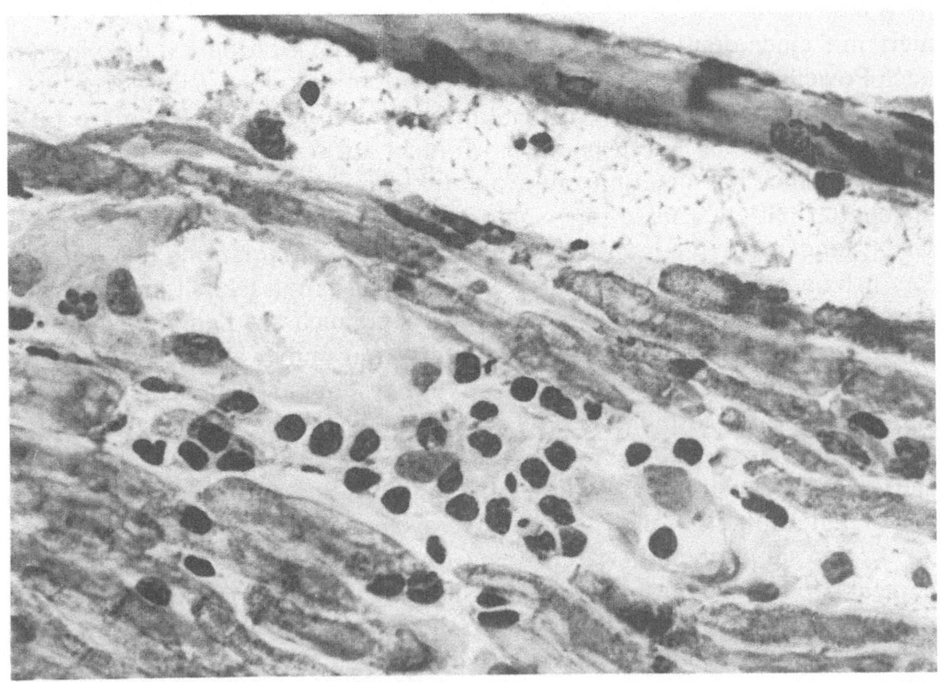

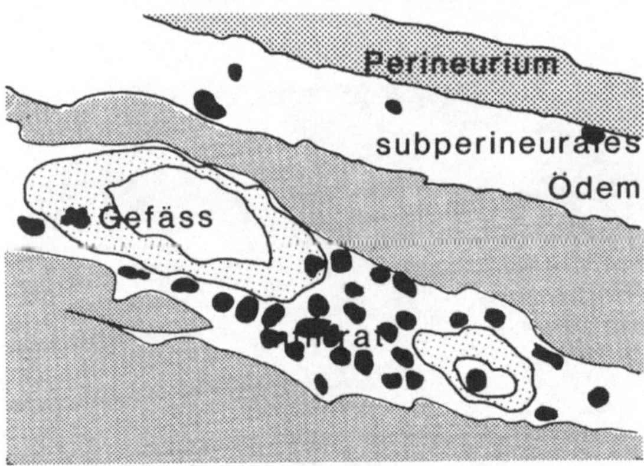

Abb. 79. Perivaskuläres Infiltrat und subperineurales Ödem im N. ischiadicus bei akuter EAN 16 Tage nach Immunisation (Kryostatschnitt, HE, Vergr. 400:1)

6.3.2 Lichtmikroskopische Befunde

In den Semidünn- und Paraffinschnitten fand sich bei voller Ausprägung das bekannte Bild einer fokalen perivenulären Infiltration von mononukleären Zellen und einer ebenfalls fokalen Demyelinisierung. In Abhängigkeit vom Stadium der Erkrankung war bei der akuten EAN zunächst ein subperineurales (Abb.79) und perivenöses, eiweißreiches Ödem zu erkennen, kombiniert mit einer deutlichen Tendenz zur Degranulation der Mastzellen (s. auch Powell et al. 1983). Die ödematöse Durchtränkung des Gewebes blieb teilweise bis zu 60 Tagen nach der Immunisation bestehen. Zelluläre Infiltrate waren zu dieser Zeit häufig noch nicht anzutreffen. Allerdings waren Gefäße manchmal angefüllt mit mononukleären Zellen, die sich der Wand angeheftet hatten. Einige Tage später, etwa um den 14. Tag bei der akuten EAN, fanden sich die mononukleären Zellen perivaskulär und diffus in das Parenchym infiltriert. Die Infiltrate bestanden hauptsächlich aus Monozyten bzw. Makrophagen und später zunehmend auch aus Lymphozyten. Bei besonders schweren klinischen Verläufen waren immer auch einige neutrophile und selten eosinophile Granulozyten erkennbar. Demyelinisierungen waren zu diesem Zeitpunkt bereits deutlich an der Myelinphagozytose durch Makrophagen zu erkennen. Obwohl perivenös betont, waren demyelinisierte Fasern auch diffus über den gesamten Nervenquerschnitt verteilt. Bevorzugte Lokalisationen z. B. mit Demyelinisierung im Zentrum der Faszikel oder subperineural waren ungewöhnlich und keineswegs einheitlich. Eine aktive Demyelinisierung mit Aufspaltung der Myelinlamellen war lichtmikroskopisch nur selten zu fassen, in der Regel war die Demyelinisierung bereits komplett, und den nackten Axonen lagen entweder Myelinophagen oder zytoplasmareiche basophile großkernige Schwann-Zellen (Abb. 80)

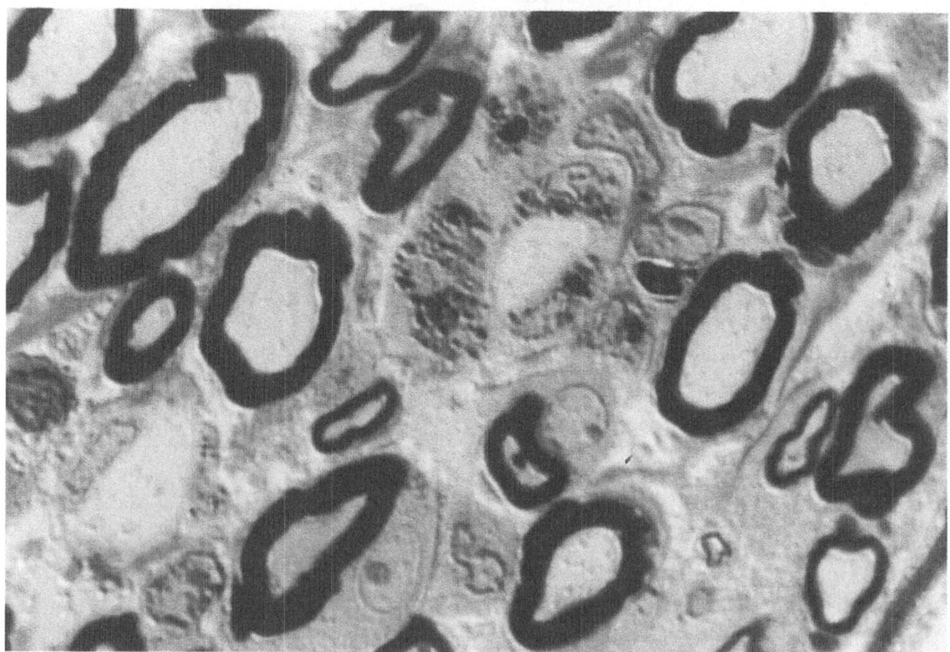

Abb. 80. Aktive Demyelinisierung mit zytoplasmareichen Schwann-Zellen bei akuter EAN 18 Tage nach Immunisierung (Methacrylateinbettung, Toluidinblau, Vergr. 1200:1)

an. Erste Zeichen der Remyelinisierung waren bereits 18 Tage nach der Immunisation bei den Tieren mit akuter EAN lichtmikroskopisch nachweisbar, komplettiert war sie auch bei den Tieren ohne klinische und elektrophysiologische Restsymptome noch nicht nach 120 Tagen. Remyelinisierte Axone sind Zeit ihres Lebens an der unverhältnismäßig dünnen, lamellenarmen Markscheide zu erkennen.

Bei den chronischen Verlaufsformen (Gruppe I) fanden sich einige Besonderheiten, die nur teilweise durch die meist späte histologische Untersuchung der Nerven erklärt werden können. Auf die besonders wurzelnahe Schädigungslokalisation wurde bereits hingewiesen. Nur selten ließ sich ein eindeutiges Ödem in den betroffenen Nervenabschnitten nachweisen. Die Infiltratdichte insbesondere perivenös war sehr viel geringer als bei den akuten Formen, während die Dichte der diffus im Parenchym liegenden Makrophagen etwa gleich stark ausgeprägt war. Degranulierte Mastzellen waren wieder sehr viel seltener anzutreffen. Demyelinisierungsvorgänge waren bei unseren chronischen Formen meist weniger deutlich und geringer perivenös betont.

Unabhängig von der Verlaufsform fanden sich auch in den epineuralen Gefäßen immer wieder entzündliche Infiltrate und Mastzelldegranulationen. Besonders bei den akuten Formen traf man ganz selten weitgestellte

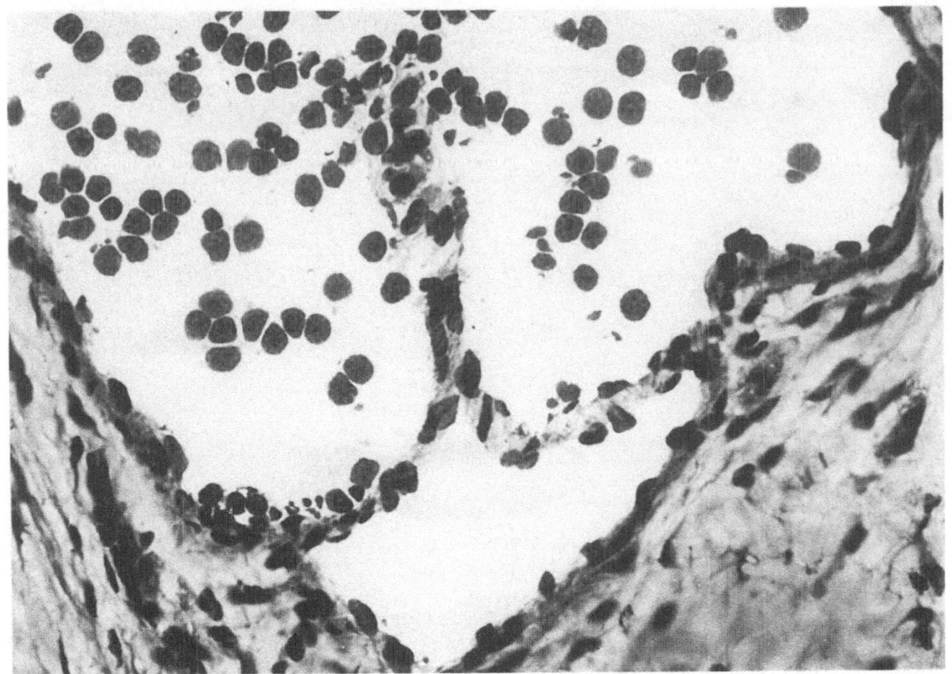

Abb. 81. Epineurale Lymphscheide mit reichlich Lymphozyten (Kryostatschnitt, HE, Vergr. 400:1)

epineurale Lymphscheiden an, die reichlich Lymphozyten transportierten
(Abb. 81). Auf eine aktive Beteiligung bei der Abräumreaktion des Immuni-
sationsgranuloms läßt sich dieser Befund nicht zurückführen, da bei keinem
unserer Tiere eine Inokulation in die Hinterpfoten vorgenommen wurde.

6.3.3 Elektronenmikroskopische Untersuchungen zur Demyelinisierung

Außer den bekannten und beschriebenen Formen der aktiven Entmarkung,
der vesikulären- und der mesaxonalen durch Makrophagen bedingten, läßt
sich nach unseren elektronenmikroskopischen Befunden zusätzlich die
nodale bzw. paranodale beschreiben. Wie bereits bei der Darstellung der SP
gezeigt, war in der Frühphase der Erkrankung in nicht wenigen Fasern der
Ranvier-Schnürring verbreitert (Abb. 82), wobei sich die Myelinendschleifen der Paranodalregion auf einer oder beiden Seiten der Nodalregion vom
Axon abgelöst hatten, ohne die Hilfe eingewanderter Makrophagen. Die
noch anhaftenden Myelinendschleifen waren verplumpt und verbreitert.

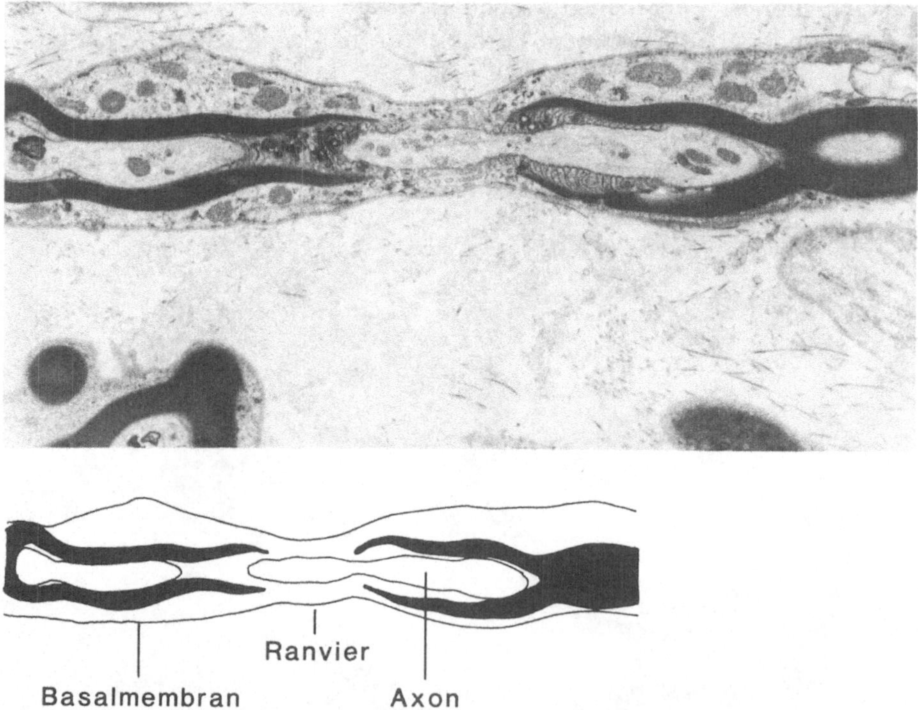

Abb. 82. Paranodale Demyelinisierung ohne Makrophagen bei akuter EAN 14 Tage nach
Immunisierung. Die Myelinendschleifen haben sich auf der linken Seite der Nodalregion
vom Axon abgelöst. Die Basalmembran ist erhalten geblieben. (Elektronenmikroskopische Aufnahme, Vergr. 6300:1)

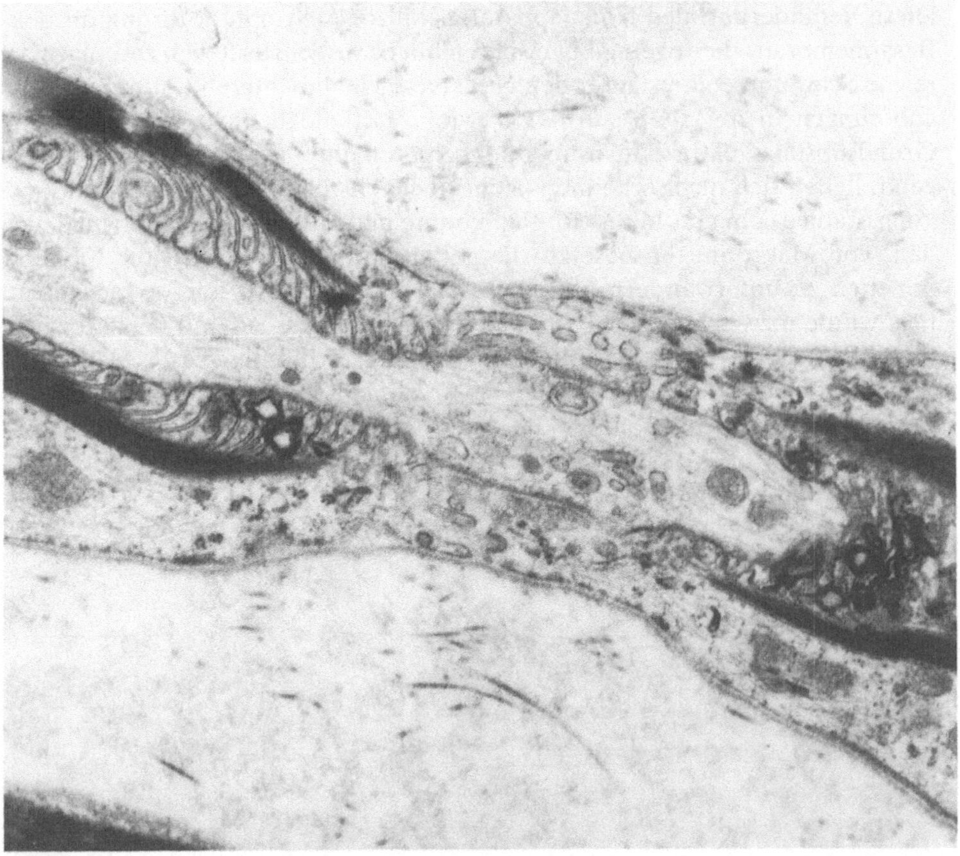

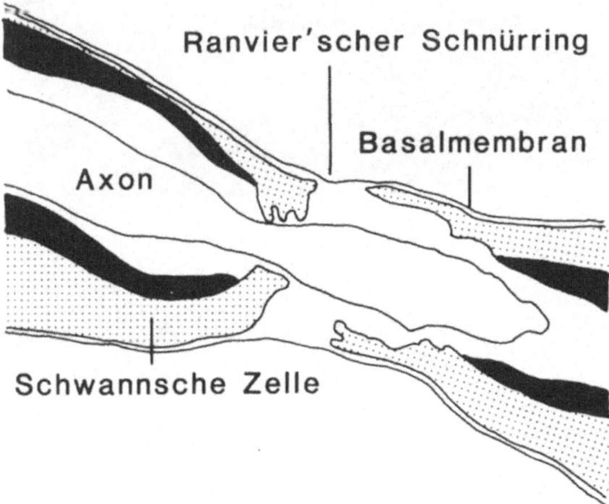

Abb. 83. Präparat wie in Abb. 82 mit Darstellung der zytoplasmareichen Schwann-Zellausläufer, die den Nodalbereich weitgehend abdichten. (EM, Vergr. 16000:1)

Diese Veränderung des Nodalapparates vollzog sich ohne Störung an der Basalmembran, die regelmäßig erhalten blieb, wobei zusätzlich zytoplasmareiche Schwann-Zellausläufer den Nodalbereich abdichteten (Abb. 83). Veränderungen in der „gap substance", der z. Zt. noch nicht identifizierten Grundsubstanz, extrazellulär über dem Knoten unter der Basalmembran liegend, ließen sich nicht erkennen (siehe auch Allt 1975). In späteren Erkrankungsstadien, um den 14. bis 16. Tag, konnte man mit Glück Schnürringe finden, von Makrophagen besetzt, die gerade im Begriff waren, die Myelinschleifen zu unterwandern und aufzuspalten (Abb. 84). Dieser Mechanismus wurde inzwischen auch von Saida (1982), für die P_2- und Galaktozerebrosid-induzierte EAN beschrieben. In quer getroffenen Fasern läßt sich zeigen, wie Makrophagen zwischen die Myelinlamellen unter die Basalmembran eindringen (Abb. 85 und 86). Nur selten gelingt in diesen Schnitten die Entscheidung, ob Makrophagen nodal oder internodal am Mesaxon (Abb. 87) eingewandert sind.

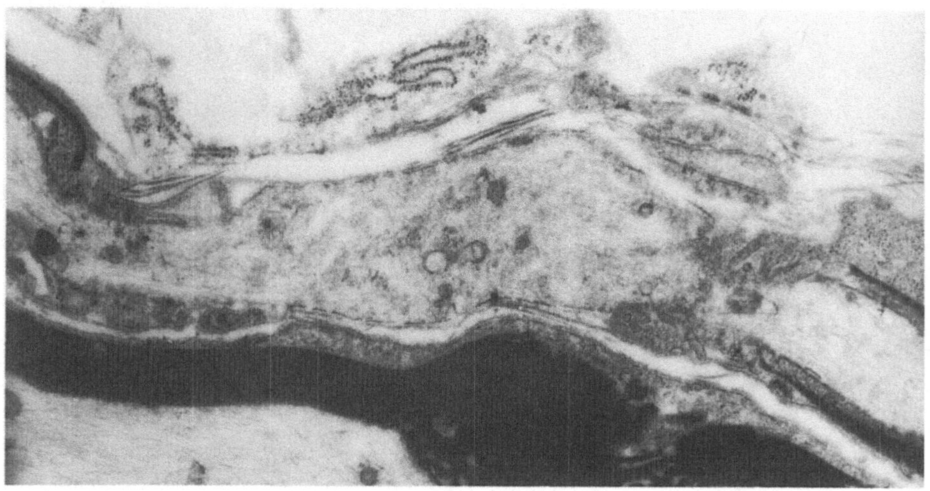

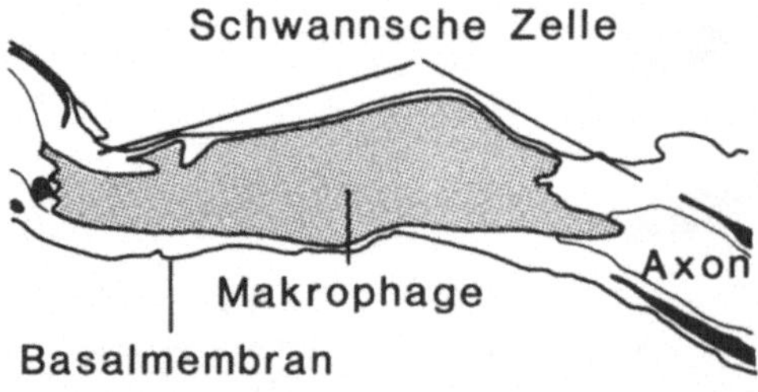

Abb. 84. Paranodale Demyelinisierung mit eingewandertem Makrophagen, der breitbasig dem Axon aufliegend im Begriff ist, das paranodale Myelin zu unterwandern und aufzuspalten. Die Basalmembran ist erhalten. Akute EAN 16 Tage nach Immunisierung (EM, Vergr. 12500:1)

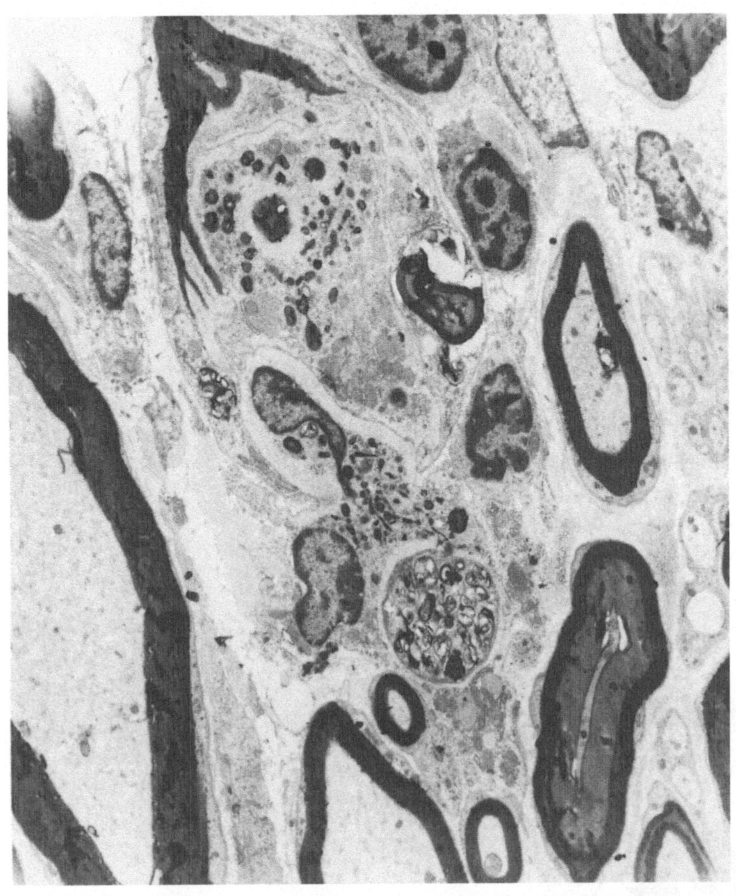

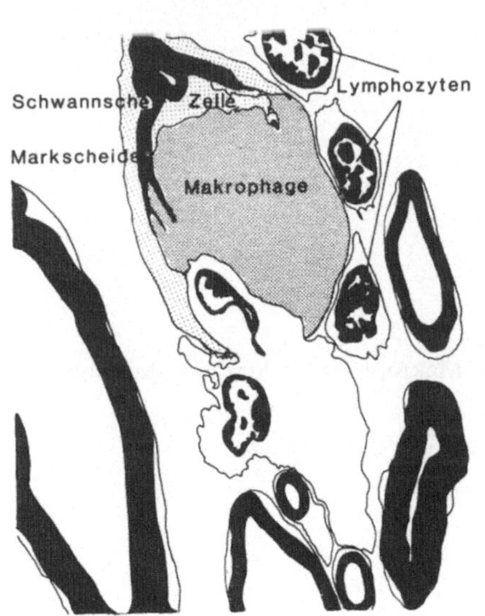

Abb. 85. Querschnitt durch eine Faser, die einen Makrophagen (Myelinophagen) beim Aufspalten der Myelinlamellen zeigt. Während der Makrophage innerhalb der Basalmembran zu finden ist, liegen die Lymphozyten außen der Basalmembran an. Akute EAN 24 Tage nach Immunisierung. (EM, Vergr. 4500:1)

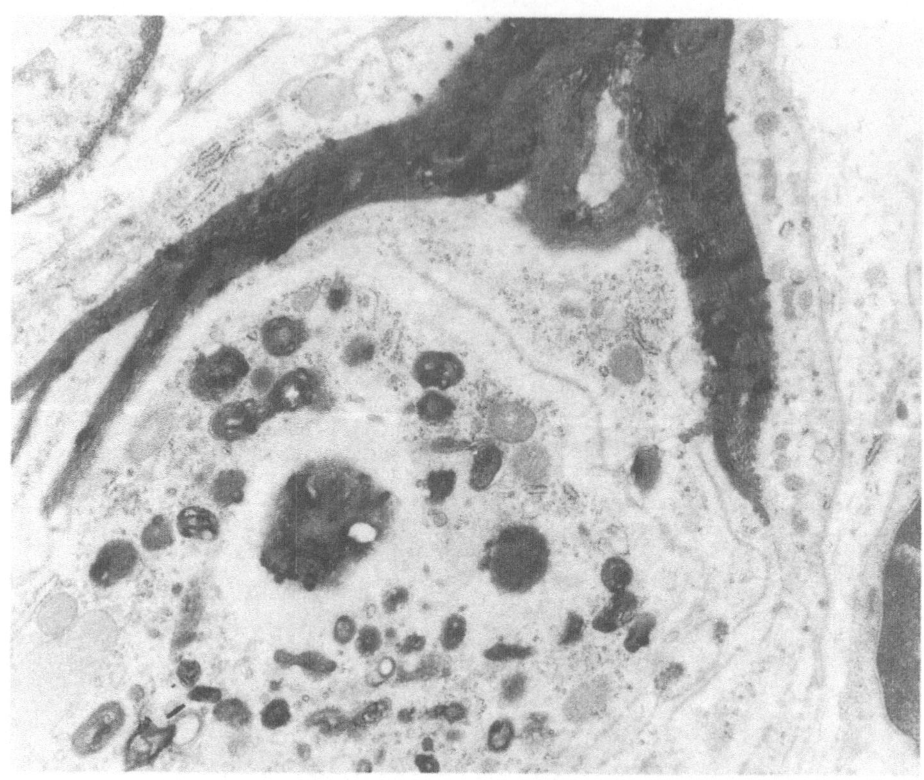

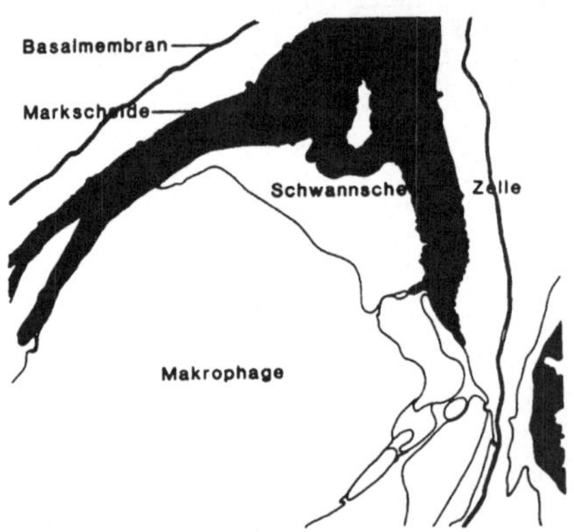

Abb. 86. Ausschnittvergrößerung aus Abb. 85. Im Makrophagen zahlreiche Markabbau-produkte. (EM, Vergr. 15000:1)

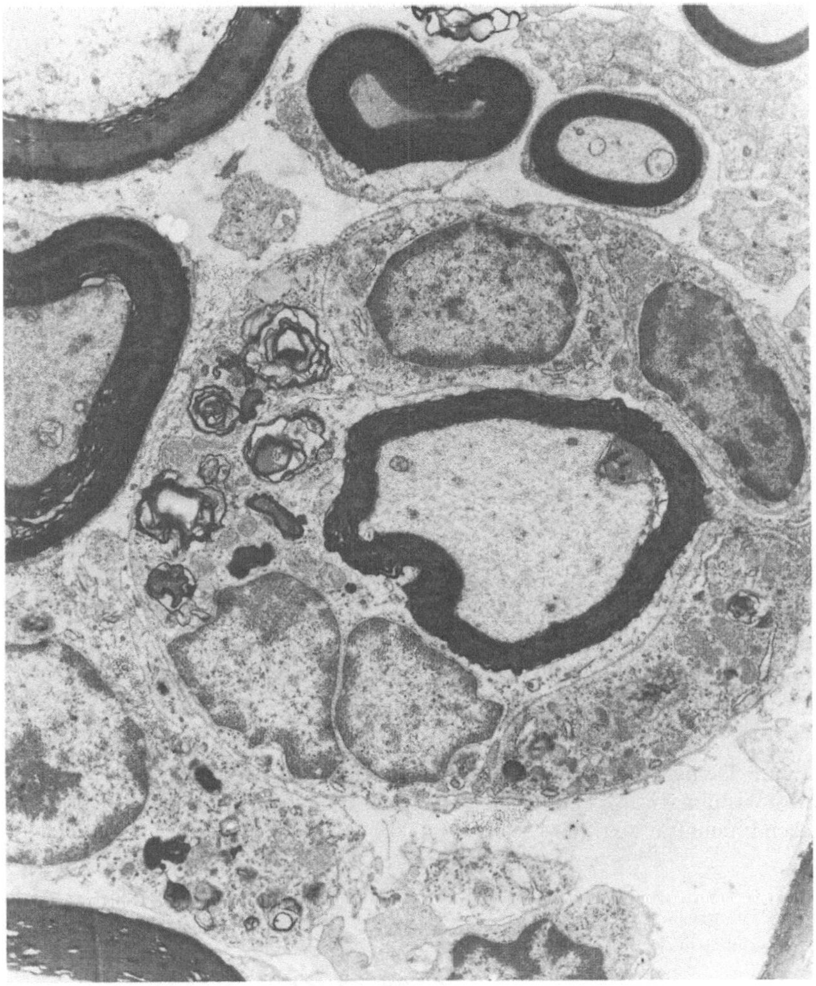

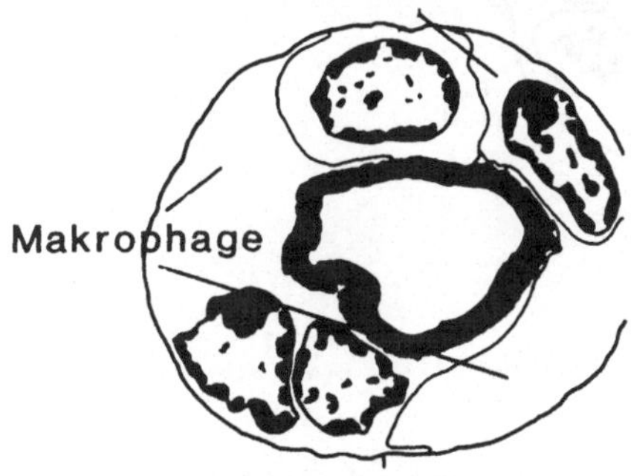

Abb. 87. Querschnitt durch eine Markfaser, die von mehreren Makrophagen besetzt ist. Das Myelin ist noch weitgehend erhalten, obwohl die äußeren Schichten vermutlich abgebaut worden sind (in Relation zur Axondicke zu dünne Markscheide) und Makrophagen bereits Myelinabbauprodukte phagozytiert haben. Der Abbau spielt sich unter der Basalmembran ab. Akute EAN 24 Tage nach Immunisierung. (EM, Vergr. 4000:1)

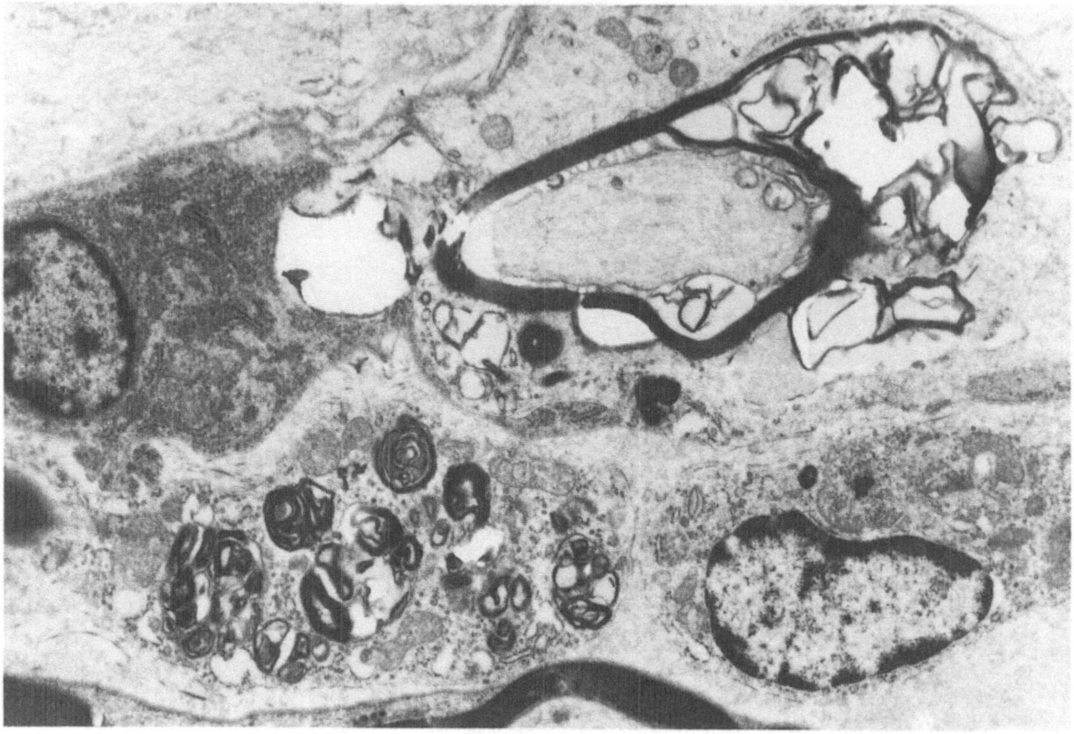

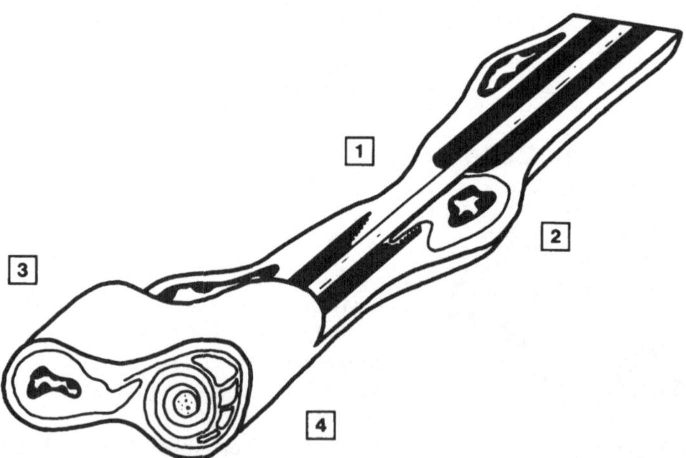

Abb. 88. Vesikuläre Demyelinisierung der äußeren und inneren Myelinlamellen ohne Beteiligung von Makrophagen. Myelinophagen sind neben den Fasern zu finden. Akute EAN 24 Tage nach Immunisierung. (EM, Vergr. 12600:1)

Abb. 89. Schematische Darstellung der verschiedenen Formen bei der EAN beobachteter Demyelinisierungen. *1* Paranodale Demyelinisierung ohne Beteiligung von Makrophagen. Die Myelinendschleifen lösen sich vom Axon ab und legen die Paranodalregion frei. Die Basalmembran bleibt erhalten. *2* Paranodale Demyelinisierung durch Makrophagen, die sich zwischen Myelinendschleifen und Axon schieben und dabei das Myelin abheben. Die

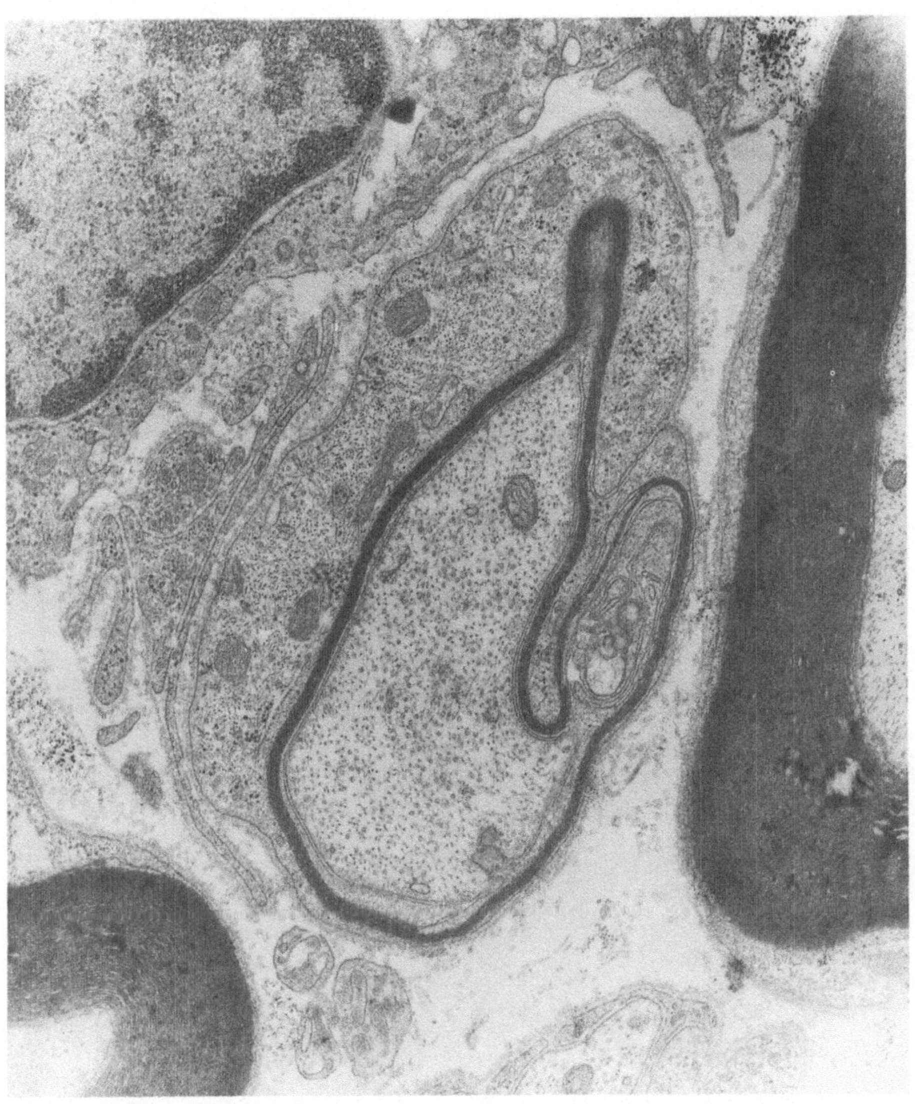

Abb. 90. Beginnende Remyelinisierung bei akuter EAN 16 Tage nach Immunisierung. Sechs Myelinlamellen sind bereits gebildet. Inneres und äußeres Mesaxon sind gut zu erkennen. Die Schwann-Zelle ist hoch aktiv, sichtbar an der reichlichen Ausstattung mit Ribosomen. Neben dieser Faser liegen Schwann-Zellausläufer, deren Basalmembran an den anliegenden Stellen mit der Basalmembran der remyelinisierenden Schwann-Zelle verschmilzt. Makrophagen sind nur außerhalb der Faser zu erkennen. (EM, Vergr. 21000:1)

Basalmembran bleibt erhalten. *3* Mesaxonale Demyelinisierung mit Makrophagen, die vermutlich durch das äußere Mesaxon an die Myelinschleifen herankommen und sich von den äußeren Schichten her zwischen die Myelinlamellen schieben. *4* Vesikuläre internodale Demyelinisierung ohne Beteiligung von Makrophagen. Das Myelin zerfällt unter Bildung von teilweise bizarr konfigurierten Myelinfiguren

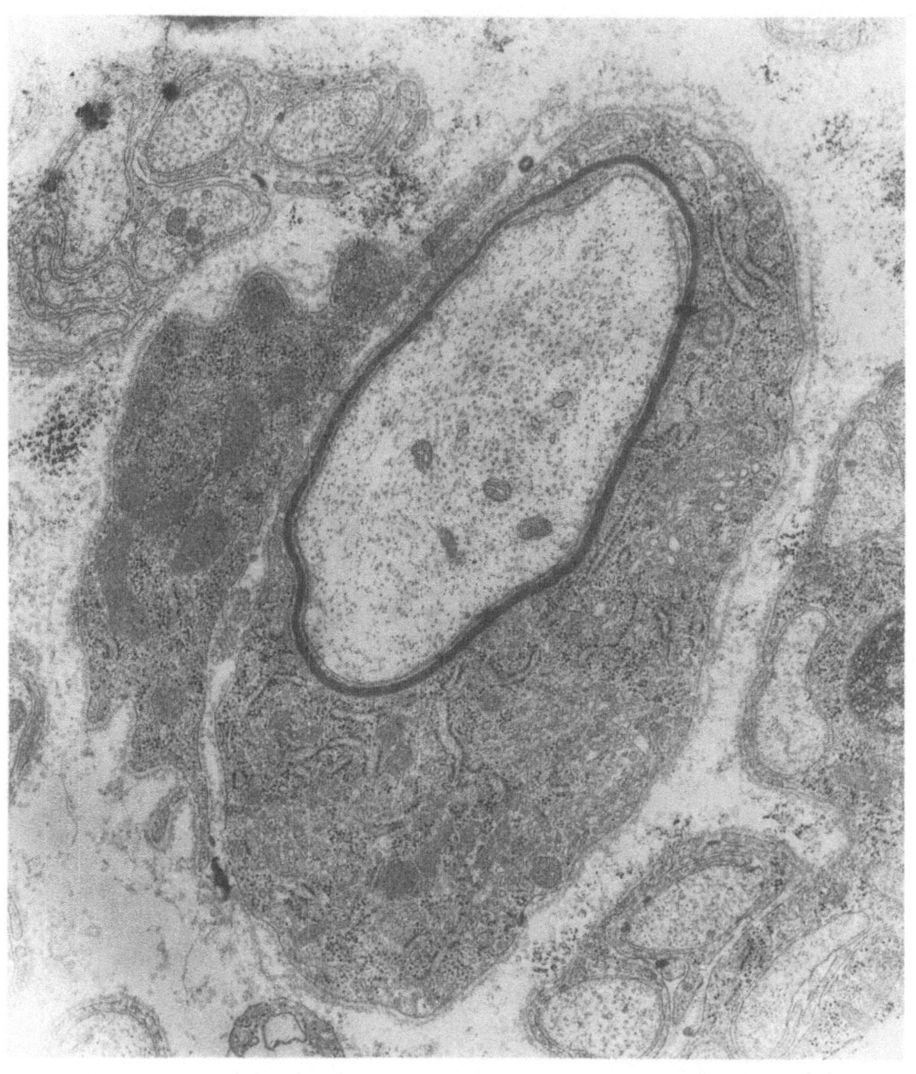

Abb. 91. In Remyelinisierung begriffene Nervenfaser mit hochaktiver Schwann-Zelle, angefüllt mit rauhem endoplasmatischen Retikulum und vielen Golgi-Apparaten. Akute EAN 18 Tage nach Immunisierung. (EM, Vergr. 18000:1)

Die von Lampert (1969) in den Vordergrund gerückte vesikuläre Demyelinisierung (Abb. 88) konnten wir nur relativ selten beobachten.

In Abb. 89 sind die vier beobachteten Demyelinisierungsabläufe schematisch zusammengefaßt: Von der Lokalisation her läßt sich eine nodale von einer internodalen Entmarkung abgrenzen, vom Mechanismus her je eine zelluläre / monozytäre von einer azellulären. Die monozytäre Demyelinisierung läßt sich durch Makrophagen erklären, die an verschiedenen Orten ihr

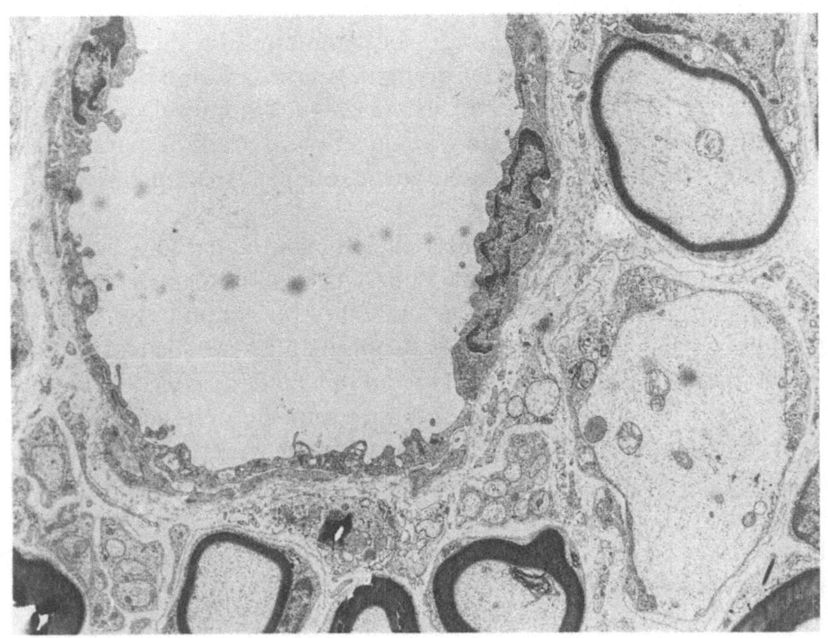

Abb. 92. Chronisch rezidivierende EAN 80 Tage nach Immunisierung. Neben einem Gefäß Axone mit unterschiedlicher Remyelinisierung. Neben nackten Axonen andere mit mäßig ausgeprägter Markscheidendicke, die umgeben sind von dünnen Schwann-Zellausläufern als Ausdruck frustraner Remyelinisierung (angedeutete Zwiebelschalenmuster). (EM, Vergr. 4500:1)

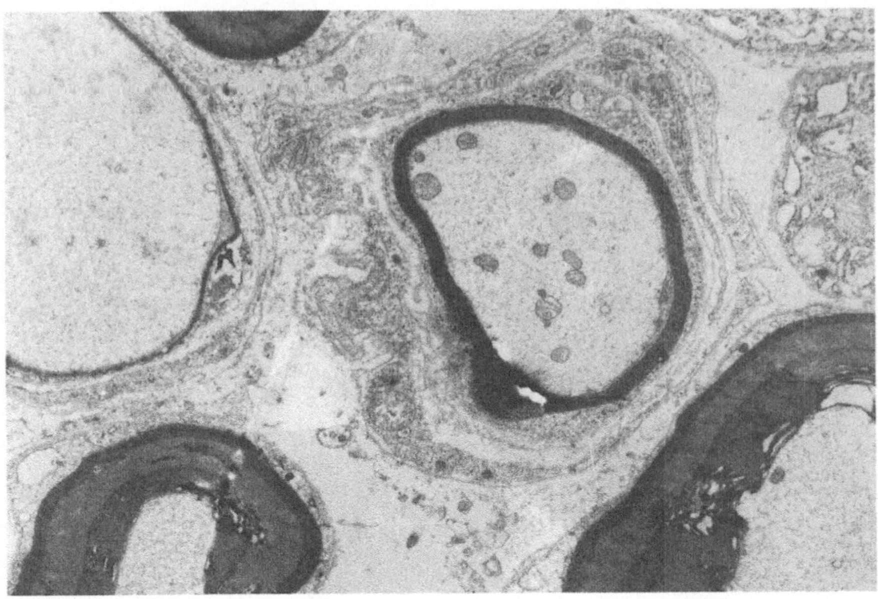

Abb. 93. Wie Abb. 92 mit deutlicher ausgeprägter Zwiebelschalenformation. (EM, Vergr. 15500:1)

zu phagozytierendes Antigen präsentiert bekommen. Für die azelluläre, d. h. paranodale und vesikuläre Entmarkung liegen noch keine befriedigenden Erklärungen vor. Sie werden zwar als vorwiegend humoral vermittelte Reaktionen betrachtet, wobei aber unterschlagen wird, daß die paranodale Demyelinisierung eine Reaktion auf sehr verschiedene, z. B. auch toxische, Markschädigungen zu sein scheint.

Remyelinisierungsaktivitäten entfalteten sich etwa ab dem 16. Tag nach Immunisierung in hochaktiven Schwann-Zellen an Fasern, die offensichtlich ihre Myelinophagen bereits „abgestoßen" haben (Abb. 90 und 91).

Qualitativ ließen sich auf der submikroskopischen Ebene die akuten Formen der EAN nicht von den chronischen unterscheiden. Bei den chronischen ließen sich etwas häufiger, insgesamt aber sehr viel seltener als erwartet, angedeutete Zwiebelschalenmuster oder Bildung mehrerer Lagen von Basalmembranen als Folge frustraner Schwann-Zellproliferationen erkennen (Abb. 92 und 93), anders als bei der chronischen EAN beim Meerschweinchen (Madrid 1983; Pollard et al. 1975), die in charakteristischer Weise massive Zwiebelschalenformationen ausbildete.

7 Plasmaseparation bei der EAN

7.1 Stand der Forschung zur Plasmaseparation beim Guillain-Barré Syndrom

Seit dem ersten Bericht von Brettle et al. (1978) über eine Besserung des klinischen Bildes einer akuten Polyneuritis (GBS = Guillain-Barré-Syndrom) durch Plasmaseparation sind eine Reihe anderer Berichte gefolgt, die in unkontrollierten Studien eine klinische Besserung nur teilweise beobachtet haben. Inzwischen sind mehrere kontrollierte Studien durchgeführt worden, die allem Anschein nach eine nunmehr einheitliche Aussage zulassen.

Die erste multizentrische Studie in Großbritannien (Greenwood et al. 1984) hat keine eindeutigen Vorteile der Plasmapherese gegenüber einer rein palliativen Therapie erkennen lassen. Allerdings waren in die Untersuchungen Patienten einbezogen, die den Höhepunkt der Erkrankung bereits erreicht bzw. überschritten hatten. Eine kontrollierte schwedische Studie (Osterman et al. 1984) hat bewußt nur Patienten in Behandlung genommen, die eine schwere Erkrankung und den Höhepunkt noch nicht erreicht hatten. Von Osterman wird erstmals nachgewiesen, daß eine frühe Plasmaseparation einen signifikanten Effekt auf den weiteren Verlauf der Polyneuritis hat. Patienten mit Plasmaseparation erholten sich rascher, erreichten weniger schwere Paresen im Verlauf der Erkrankung und waren auch nach zweimonatiger Behandlungsdauer besser mobilisiert als die Patienten der Kontrollgruppe. Nach einem Jahr bestanden signifikante Unterschiede zwischen den Gruppen allerdings nicht mehr. Ähnliche Beobachtungen wurden in der kürzlich abgeschlossenen größten multizentrischen, randomisierten, kontrollierten Studie der „Guillain-Barré Syndrome Study Group" in Amerika gemacht. Von 245 Patienten wurden 122 einer Plasmapherese unterzogen. Eine signifikante Verkürzung der Krankheitsdauer und insbesondere der Respiratorphase ist danach möglich, wenn rechtzeitig vor dem Erreichen des Höhepunktes, d. h. innerhalb der ersten 7–14 Tage nach Erkrankungsbeginn, mit einer Plasmaseparation begonnen wird (Guillain-Barré-Syndrome Study Group 1985).

Die teilweise dramatischen Besserungen in einigen Fällen mit chronisch rezidivierender Polyneuritis (Cook et al. 1980; Levy et al. 1979; Server et al. 1979; Gross u. Thomas 1981; Toyka et al. 1982; Dyck et al. 1986) mit nicht selten temporärem Charakter belegen die positive Wirkung des Plasmaaustausches auch bei chronischen Formen. Häufig müssen die Separationen mehrfach wiederholt werden, bis der gewünschte dauerhafte Effekt erreicht wird.

7.2 Stand der Forschung bei der EAN

Wegen der Ähnlichkeit histologischer, klinischer und elektrophysiologischer Veränderungen zwischen dem Guillain-Barré-Syndrom und der experimentell-allergischen Neuritis sind Versuche gemacht worden, den Erfolg einer Plasmaseparation bei der Neuritis an Tieren zu überprüfen. Antony et al. (1981) haben durch eine diskontinuierliche Plasmaseparation, bei der heparinisiertes Blut nach Entnahme zentrifugiert und die zellulären Bestandteile wieder reinfundiert wurden, die Ausprägung einer EAN mildern können. Die Plasmaseparation wurde allerdings jeweils durchgeführt, noch ehe klinische Zeichen der Erkrankung aufgetreten waren.

Gross et al. (1983) haben an Kaninchen eine ebenfalls diskontinuierliche Plasmaseparation vorgenommen. Im Unterschied zu Antony et al. (1981) haben sie die Separation erst nach Beginn der klinischen Symptome durchgeführt. Die separierten Tiere waren nach klinischen und histologischen Kriterien signifikant weniger krank als die Kontrolltiere.

Da der klinische Verlauf der EAN im Einzelfall nicht voraussagbar ist, kann der Erfolg einer Plasmaseparation nur statistisch anhand größerer Fallzahlen ermittelt werden. Die Möglichkeit, elektrophysiologisch die Funktion des peripheren Nerven exakt quantifizieren zu können, öffnet den Weg eines direkten Vergleiches zwischen dem Zustand vor und nach einer Plasmaseparation.

7.3 Methoden der Plasmaseparation

Grundsätzlich kann ein diskontinuierliches von einem kontinuierlichen Verfahren unterschieden werden. In der Humanmedizin werden nur noch kontinuierliche Verfahren eingesetzt.

a) Blutzellseparation: Bei der Zellseparation wird das Blut unter sterilen Bedingungen kontinuierlich zentrifugiert, und die Erythrozyten werden mit einem Großteil der Leukozyten zusammen mit Humanalbumin oder Elektrolytersatzlösung reinfundiert.

b) Plasmaseparation / Membranfiltration: Bei diesem Verfahren wird das Blut durch Hohlfaserfilter gepumpt, in denen ein Teil des Plasmas abfiltriert wird. Das zellreiche Konzentrat wird zurückinfundiert.

114

Bei der EAN wurde bisher nur das diskontinuierliche Verfahren eingesetzt, obwohl grundsätzlich für Kaninchen bereits eine Separation mit Hohl-
fasersystemen etabliert war (Charlton et al. 1983). Bei Ratten ist bislang
eine Plasmaseparation weder kontinuierlich noch diskontinuierlich zur
Behandlung der EAN bekannt. Der Vorteil eines kontinuierlichen Verfah-
rens zur Separation liegt in dem geringen Totvolumen des Systems, im
geringeren Blutverlust und geringerer Komplikationsrate hinsichtlich
Hämolyse, Infektion und Thrombosierung, da bei diesem Verfahren ein
geschlossenes System eingesetzt werden kann.

Das entsprechende Verfahren wurde für die Studien der eigenen Gruppe
entwickelt und standardisiert. Mit relativ einfachen Hilfsmitteln läßt sich bei
der Ratte die Membranfiltration mittels Hohlfasersystem einsetzen. Entsprechende, auf Rattengröße adaptierte Separationsmodule wurden von der
Firma ENKA (ENKA Produktgruppe Membrane, Wuppertal) freundlicherweise entsprechend unseren Wünschen und Bedürfnissen gebaut und zur
Verfügung gestellt.

7.3.1 Voraussetzungen zur Durchführung der Plasmaseparation bei der Ratte

Anhand einer Reihe von Vorversuchen mußten der operative Zugang, die
notwendige Heparinmenge und die separierbare Plasmamenge nach Bestimmung der Gesamtblutmenge festgelegt werden.

7.3.1.1 Operative Voraussetzungen

Es wurde ein operativer Zugang gewählt, der mit möglichst geringem operativen Aufwand einen sicheren arteriellen und venösen Zugang bietet. An der
Ventralseite der Schwanzwurzel läßt sich eine relativ kaliberstarke, meist
unpaare mediane A. coccygealis präparieren und mit einem Silikonschlauch
(0,5 mm Außendurchmesser) katheterisieren. Der Schlauch wird etwa 1–
2 cm kranialwärts vorgeschoben, mit Zwirn fest eingebunden und mit Han-
saplast fixiert. Ein Katheter, auf diese Weise plaziert, kann auch durch hef-
tige Schwanzbewegungen nicht herausgelöst werden. Die Heparinisierung
erfolgt mit 200 I.E. Liquemin in 1 ml Kochsalzlösung durch die Schwanzar-
terie, nachdem der arterielle Zugang gelegt war. Zur Reinfusion wurde eine
der Schwanzvenen punktiert und die Infusionskanüle fest eingebunden.

7.3.1.2 Bestimmung des Gesamtblutvolumens

Um abschätzen zu können, welche Menge Plasma separiert werden kann,
war eine vorherige Bestimmung des gesamten Blutvolumens einer 200–
250 g schweren Ratte notwendig. Die Messung des Plasmavolumens

erfolgte mit Hilfe der Evans-Blue-Verdünnungsmethode (Bartels 1969). Die Untersuchungen ergaben ein Gesamtblutvolumen von etwa 13 ml bei Tieren mit einem Gewicht von etwa 200 g. Dies entspricht 6–7% des Körpergewichtes.

7.3.1.3 Bestimmung der Separationscharakteristika des Moduls

Zur Separation wurden Polypropylen-Hohlfasermembranseparatoren (Typ P1L) mit 20 cm^2 aktiver Oberfläche und 0,5 μm maximaler Porengröße eingesetzt. Das Füllvolumen der Separationsmodule betrug einschließlich zu- und abführender Katheter 0,4 ml. Im offenen System wurde bis zu Steady-State-Bedingungen gepooltes, heparinisiertes Rattenblut separiert, um die Separationseigenschaften des Hohlfasersystems zu testen. Bei einer Durchflußgeschwindigkeit von 38 ml/h werden 10% Plasma separiert, d. h. 3,8 ml pro Stunde (s. Abb. 94). Dies bedeutet einen prozentualen Anstieg von Erythrozyten, Thrombozyten, Hämatokrit und Hämoglobin von 5–6%. Die von uns gesehene Leukopenie mit Abfall um etwa 10% ist auch von Farrell (1983) beobachtet worden und mit einer Komplementaktivierung im alternativen Reaktionsweg erklärt worden. Eine Hämolyse wurde nicht beobachtet. Die Konzentration von Eiweißfraktionen im Separat zeigt eine umgekehrt proportionale Abhängigkeit vom Molekulargewicht. Die Konzentration von Albumin mit einem Molekulargewicht von 68 460 erreicht 25% der Konzentration im Vollblut und IgG mit 160 000 Molekulargewicht nur 16%.

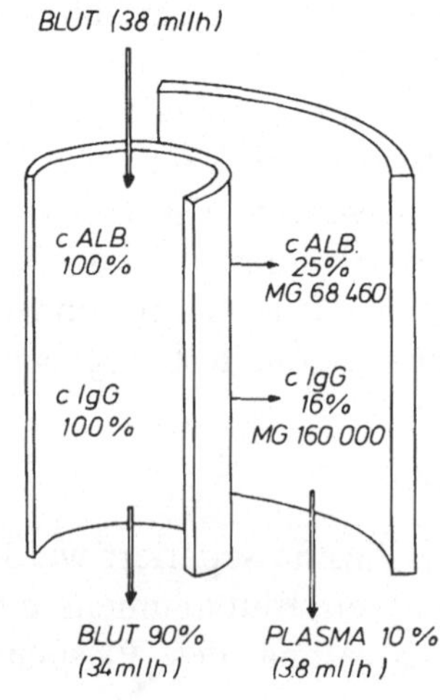

Abb. 94. Darstellung der Separationscharakteristika an einem schematisch dargestellten Hohlfasermodul bei einer Durchflußgeschwindigkeit von 38 ml/h

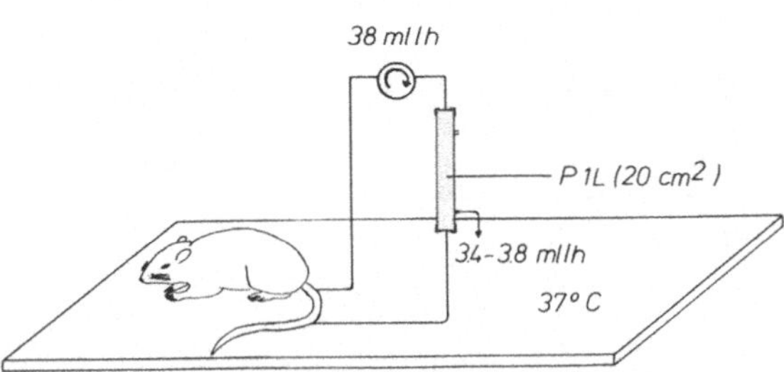

Abb. 95. Aufbau des Separationssystems und Darstellung des Separationsvorganges

7.3.1.4 Aufbau des Separationssystems und Separationsvorgang

Die Separation wurde entsprechend der schematischen Darstellung (Abb. 95) durchgeführt. Nach Einbinden des arteriellen und venösen Katheters, Gabe von 200 I.E. Heparin und insgesamt 2 ml physiologischer Kochsalzlösung wurden die Ratten auf einem Wärmetisch (37°C) an das Separationssystem angeschlossen. Die Flußgeschwindigkeit betrug 38 ml/h. Es wurden pro Sitzung etwa 3,0–3,5 ml Plasma in etwa 1 h abgetrennt.

Zum Abschluß der Separation wurde sämtliches im System befindliche Blut reinfundiert und zusätzlich mit 3 ml physiologischer Kochsalzlösung zur Spülung nachinfundiert.

Während der gesamten Prozedur wurden die Tiere in Nembutalnarkose gehalten, erwachten aber meist rasch nach Beendigung der Plasmapherese. Mit einer Ausnahme wurden noch in Narkose die Katheter entfernt, die Arterie abgebunden und ein Druckverband mit Topostasin-Schaum angelegt. Bei einem Tier wurde ein kleines Stück Katheter in der Arterie belassen, abgestöpselt, und 24 h später zu einer erneuten erfolgreichen Plasmaseparation eingesetzt. Jeweils vor der Separation und sofort danach wurden der H-Reflex bzw. die F-Welle und die spinalen SEP's gemessen.

7.4 Ergebnisse der Plasmaseparation

Acht Tiere wurden zu verschiedenen Zeitpunkten der Erkrankung einer Plasmapherese unterzogen (L 103, 105, 106, 114, 119, 122, 123, 124; s. Abb. 98). Eine Ratte starb nach der Separation, während bei den anderen keine Komplikationen auftraten. SEP-Messungen zeigten nach der Separation in der Regel keine Änderungen in Relation zum Vorbefund. Einige Tiere waren zu unruhig, so daß ein gutes Potential nicht mehr aufsummiert werden konnte. Auch die Latenzen zu M-Antwort und H-Reflex blieben konstant.

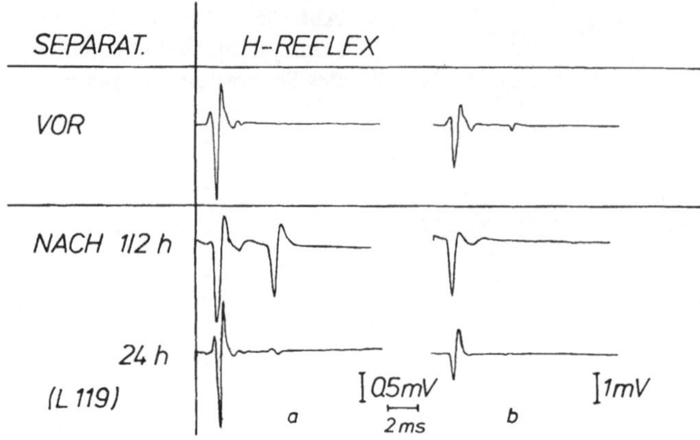

Abb. 96. Beispielhafte Darstellung des H-Reflexes in zeitlicher Abhängigkeit von einer Plasmaseparation (*a* mit geringer Reizstärke gereizt, *b* mit hoher Reizstärke gereizt). Vor der Separation ist nur eine F-Welle auslösbar. 1/2 h danach ist ein H-Reflex mit hoher Amplitude nachweisbar, der 24 h später wieder verschwunden ist

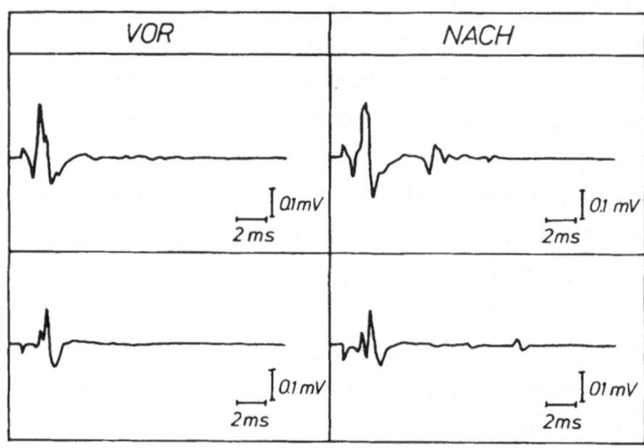

Abb. 97. Beispielhafte Darstellung von 2 H-Reflexmessungen vor und nach Plasmaseparation

Deutliche Unterschiede allerdings fanden sich in der Amplitude von M-Antwort und H-Reflex. Die Amplitude der M-Antwort wurde zum Vergleich selbst nicht herangezogen, da durch Variation von Reiz- und Ableitelektrode vor und nach Separation alleine schon erhebliche Unterschiede auftreten können. Als Ausdruck eines Therapieerfolges aber wurde eine in Relation zur M-Antwort deutlichere Amplitudenanhebung des H-Reflexes bzw. der F-Welle gewertet. Einige der Tiere ließen vor der Separation keine späte Antwort, weder H-Reflex noch F-Welle, evozieren, wohl aber danach.

Wenn nach der Separation eine rekurrente Antwort nachweisbar war, oder wenn sich die Form eindeutig in Richtung vermehrt aktivierbarer Fasern änderte, wurde dies ebenfalls als erfolgreich angesehen.

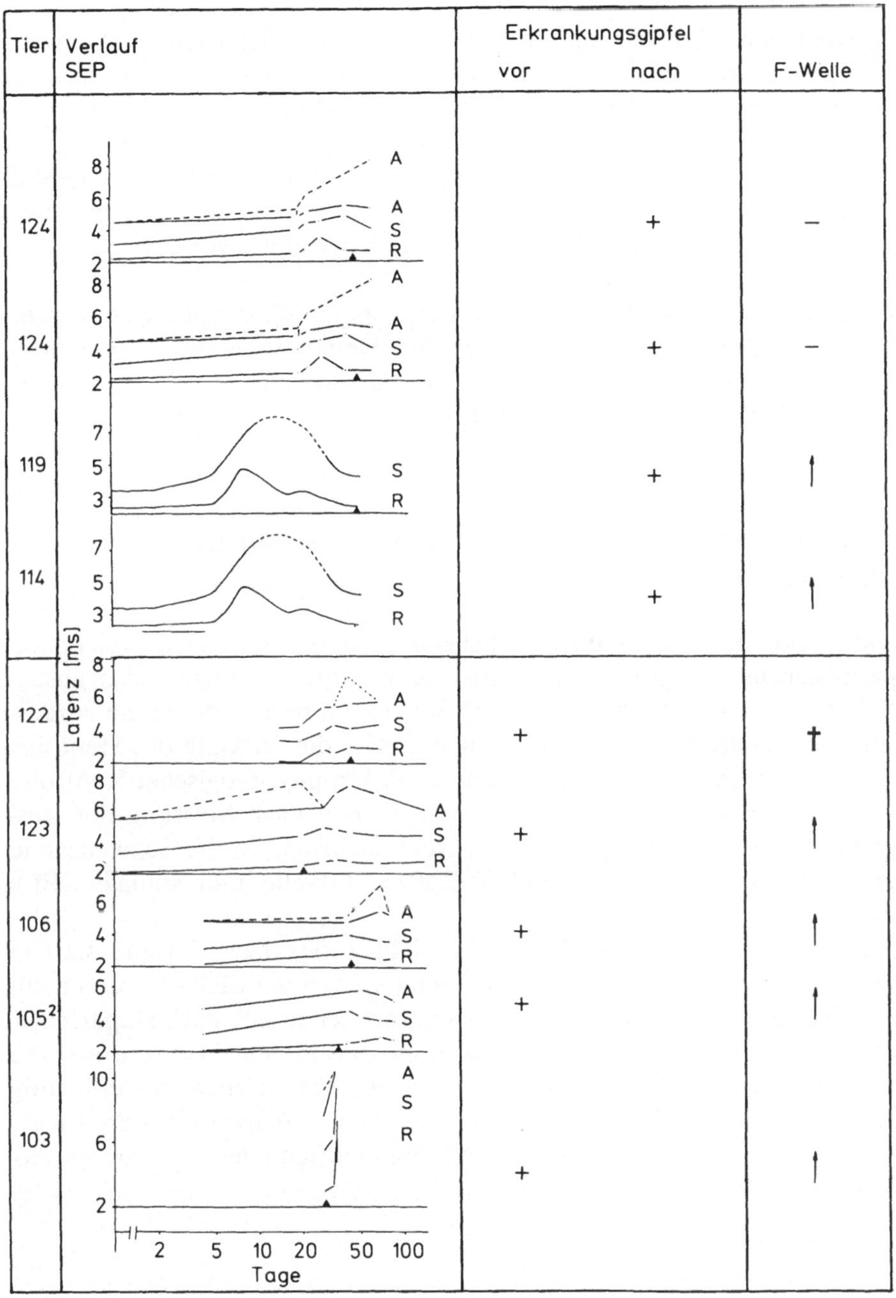

Tier	Verlauf SEP	Erkrankungsgipfel		F-Welle
		vor	nach	
124			+	−
124			+	−
119			+	↑
114			+	↑
122		+		†
123		+		↑
106		+		↑
105²		+		↑
103		+		↑

Abb. 98. Ergebnisse der Plasmaseparation zu verschiedenen Zeitpunkten der Erkrankung. Das Dreieck im SEP-Verlauf markiert den Zeitpunkt der Separation. Der Punkt bei L 106 bedeutet, daß der Erkrankungsgipfel an der A-Wellen-Latenz gemessen wurde (↑ = erfolgreiche Separation, erkennbar an einer Amplitudenzunahme der F-Welle oder am konstanten Auftreten einer neuen späten Reizantwort, † = gestorben, 2 = eine Besserung war bis zu 3 Tagen nach der Plasmapherese nachweisbar)

119

Von den sieben Tieren waren fünf sofort nach der Separation gebessert, es konnte ein H-Reflex ausgelöst werden, der nach 24 h wieder verschwand (Abb. 96; andere Beispiele s. Abb. 97). Bei L 105 allerdings trat eine eindeutige Besserung erst 24 h nach der Separation ein.

Die Dauer der separationsbedingten Besserung ist schlecht abschätzbar, da sich der Spontanverlauf nicht ausreichend voraussagen ließ. Die meisten dieser erfolgreich separierten Ratten wurden in der Phase vor Erreichen des klinischen Höhepunktes separiert.

Eine Ratte, die an zwei Tagen hintereinander plasmapheriert wurde, zeigte weder nach der ersten noch nach der zweiten Separation einen elektrophysiologisch meßbaren Erfolg. Das Tier befand sich zur Zeit der Separation bereits deutlich in Remission (L 124).

7.5 Ergebnisse nach Heparinisierung ohne zusätzliche Plasmaseparation

Voraussetzung für eine kontinuierliche Separation ist eine ausreichende Heparinisierung. Aufgrund der Versuchsanordnung war nicht sicher auszuschließen, daß die Besserung nach der Separation bereits durch die vorausgegangene Heparinisierung verursacht war. Um die Wirkung des Heparins alleine zu testen, wurden einige Tiere unter elektrophysiologischer Kontrolle heparinisiert. Bei angelegten Elektroden wurden nach Messung der Ausgangswerte 250 I.E. Heparin in 1 ml Kochsalzlösung in die Schwanzvene injiziert und sofort anschließend H-Reflex, F-Welle und spinale SEP's gemessen (Abb. 99).

Die Amplituden von M-Antwort und H-Reflex bzw. F-Welle sind in Tabelle 4 dargestellt. Die Werte für die Amplituden der SEP's werden nicht signifikant verändert. Auch bei der M-Antwort ließen sich nach Heparinisierung keine wesentlichen Amplitudenänderungen finden. Dagegen war die Amplitude der F-Welle bei neun von dreizehn Tieren entweder eindeutig höher, oder neue, vorher nicht nachweisbare späte Antworten waren meßbar geworden. Acht gebesserte Ratten befanden sich nach elektrophysiolo-

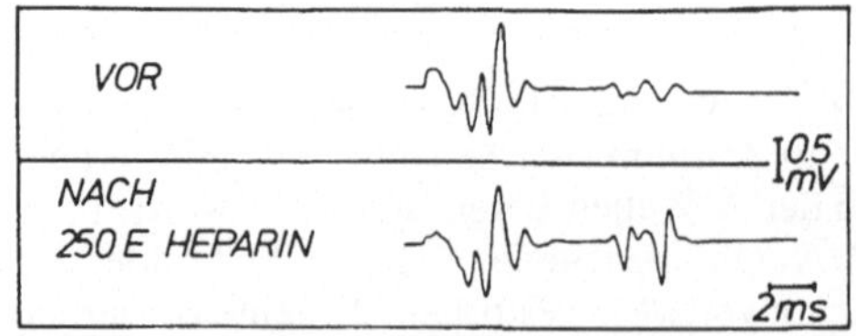

Abb. 99. Beispielhafte Darstellung der F-Welle in Abhängigkeit von der Heparingabe. Die Amplitude der F-Welle nimmt sofort nach 250 I.E. Heparin deutlich zu

Tabelle 4. Amplituden von *M-Antwort* und *F-Welle* jeweils vor und nach Heparingabe (* = zusätzliche späte Komponente, 0 = nicht evozierbar, 1 = konstanter H-Reflex (vorher F-Welle)

Tier	M-Antwort (mV)		F-Welle (mV)		Erfolg
	vor	nach	vor	nach	
124	1,9	1,9	0,25	0,95	+
205	2,7	2,8	0,17	0,28	+
216	0,5	0,3	0	0,2	+
217	6,0	5,8	0,7	0,5	−
240	3,3	3,3	0,28	0,3*	+
241	4,8	5,3	0,3	1,9	+
242	2,8	2,8	0,05	0,1*	+
243	2,4	2,7	0,3	0,2	−
244	1,7	2,2	0,26	0,26*	+
246	2,2	2,2	0	0,7	+
247	1,0	1,0	0,14	0,14	−
241	3,8	1,4	0,4	1,41[1]	+
244	10,0	10,4	2,4	1,8	−

gischen Kriterien noch vor bzw. am Gipfel der Erkrankung, ein Tier deutlich danach in einem Rezidiv, während bei dem bereits in Remission befindlichen Tier (L 217) und bei drei weiteren zur Zeit des Erkrankungshöhepunktes kein Erfolg durch die Heparinisierung erzielt werden konnte.

Mehrere Versuche, eine entsprechende Wirksamkeit durch Kochsalzinjektionen zu erzielen, die z. T. kühl, z. T. aufgewärmt auf 37 °C injiziert wurden, brachten keine Besserung der elektrophysiologischen Meßwerte.

7.6 Diskussion der Separationsergebnisse

Eine Plasmapherese gilt üblicherweise nur dann als sinnvoll, wenn im Serum ein identifizierbarer, nicht dialysabler Kausalfaktor für den pathologischen Prozeß verantwortlich gemacht werden kann. Obwohl ein solcher Serumfaktor bisher nicht definiert werden konnte, lassen die Untersuchungen mit experimenteller Separation auf eine Wirksamkeit dieser Methode schließen.

7.6.1 Interpretation der Befunde nach Heparinisierung und Plasmaseparation

Eine klinische Besserung der motorischen Funktion oder eine gesteigerte Aktivität der Tiere ließ sich weder nach Heparinisierung noch nach anschließender Plasmaseparation feststellen. Vielmehr bedeutete die Plasmaseparation für die Tiere einen z. T. erheblichen Streß, der häufig eine kurzfristige Gewichtsabnahme und Rückzugsverhalten verursachte. Die Heparinisierung alleine hatte solche Folgen nicht.

Besserungen konnten nur elektrophysiologisch erfaßt werden; nach Heparingabe bei neun von dreizehn Tieren und nach Plasmapherese bei sechs von sieben Tieren. Ein weiteres Tier starb vor der elektrophysiologischen Messung sofort nach der Separation. Ausmaß und Art der Besserung waren in beiden Gruppen gleich. Sie zeigte sich immer nur in einer Amplitudenerhöhung, insbesondere der F-Welle bzw. des H-Reflexes, während die Latenzen und damit auch die Nervenleitgeschwindigkeiten unverändert blieben. Die Amplitude nahm jeweils sofort nach dem therapeutischen Eingriff zu, stieg einmal auch bei kurzfristiger Kontrolle weiter an, einmal folgte der Anstieg der Separation erst nach 24 h. Nach den bisherigen Ergebnissen hängt der Erfolg der Heparinisierung oder Plasmapherese vom jeweiligen Stadium der Erkrankung ab.

Fünf erfolglose Versuche, eine Separation und vier Heparinisierungen waren bei Tieren durchgeführt worden, die den Höhepunkt der Erkrankung bereits erreicht oder überschritten hatten. Bei zwei Tieren allerdings trat ein Erfolg auch nach Plasmaseparation in der Remissionsphase noch ein.

Bisher wurden nur Tiere der Gruppen II und III behandelt. Eine Aussage über Erfolg durch Separation und Heparinisierung ist also bislang nur für akute und subakute Verläufe möglich. Weiterhin läßt sich noch nicht abschätzen, inwieweit die Heparinisierung bereits alleine das volle Ausmaß der Besserung der Leitungsfunktionen möglich macht, oder ob die zusätzliche Plasmapherese eine weitere Verbesserung bringt. Eindrucksmäßig ist die Plasmaseparation erfolgreicher als die reine Heparinisierung. Dieser Eindruck läßt sich aber statistisch nicht belegen. Die sukzessive Messung zunächst nach Heparinisierung und erneut im Anschluß an eine Separation war wegen der dazu erforderlichen langen Narkosedauer nicht möglich.

7.7 Schlußfolgerungen aus den Separationsergebnissen

Eine Vollheparinisierung bzw. eine Plasmaseparation kann zu einer Besserung der Leitungsfunktionen des peripheren Nerven führen, insbesondere beim Einsatz im frühen Krankheitsstadium vor Erreichen des Höhepunktes.

Die Besserung, darstellbar an einer Amplitudenerhöhung der Antwortpotentiale, läßt sich bei fehlender Verkürzung der Latenzen nur mit der Aufhebung eines partiellen Leitungsblockes erklären. Eine Remyelinisierung als Ursache scheidet schon wegen der kurzen Zeit bis zur Besserung aus. Auf welche Weise der partielle Leitungsblock aufgehoben werden kann, bleibt unklar. Folgende Mechanismen lassen sich diskutieren:

7.7.1 Schlußfolgerungen aus Ergebnissen der Plasmaseparation

Es ist denkbar, daß pathogene entzündungsfördernde Substanzen, Lymphokine, aber auch Immunglobuline und Immunkomplexe oder Proteinasen, die als blockierende Faktoren in Frage kommen, durch die Separation aus der Zirkulation eliminiert werden. Blockierende Faktoren, die nach Injektion in den peripheren Nerven lokal zu einem akuten Leitungsblock führen, sind sowohl in EAN-Seren als auch in GBS-Seren nachgewiesen worden. Saida et al. (1978) erzeugten eine Demyelinisierung im Ratten-Ischiadikus durch direkte Injektion von Serum aus EAN-Tieren. Pathologisch-anatomische Studien an Rattennerven nach intraneuraler Injektion von GBS-Seren zeigten eine deutliche Demyelinisierung (Feasby et al. 1982; Saida et al. 1982). Eine Demyelinisierung trat zwar auch nach Injektion von normalem Serum auf, war aber deutlich geringer ausgeprägt.

Nach elektrophysiologischen Kriterien verursachte die Injektion einen akuten Leitungsblock (Sumner et al. 1982). Harrison et al. (1984) konnte die Widersprüche anderslautender Mitteilungen (Low et al. 1982) durch die starke Abhängigkeit der GBS-Serum-Faktoren von Aufbewahrungszeit, Temperatur und Krankheitsstadium klären.

Seren, die längere Zeit aufbewahrt, eingefroren waren oder von Patienten aus der Remissionsphase stammten, erzeugten nach intraneuraler Injektion keinen Leitungsblock. Die Natur dieser blockierenden, eventuell myelinotoxischen Serumfaktoren ist offen, auch, ob solche Faktoren bei der EAN durch Plasmaseparation ausreichend eliminiert werden können.

7.7.2 Schlußfolgerungen aus Ergebnissen der Heparinisierung

Die Tatsache einer Aufhebung des partiellen Leitungsblockes durch Heparinisierung alleine deutet auf eine entscheidend andere, eventuell zusätzliche Wirkungsweise hin. So wirkt Heparin generell offensichtlich auf den afferenten Schenkel der Immunantwort, indem es eine zellvermittelte Immunreaktion vom verzögerten Typ verhindert (Nelson 1965). Die Ursache für diese prophylaktische Wirkung wurde von Hay (1982) in der Fähigkeit für anionische lineare Polymere gesehen, das „homing" der Lymphozyten in den „high endothelial venules" der Lymphknoten zu verhindern. Das „homing" zirkulierender Lymphozyten ist ein vorbereitender Schritt, sich in Lymphknoten anzusiedeln, und Kontakt mit anderen Zellen aufzunehmen. Cohen u. Cohen (1979) haben beobachtet, daß im entzündlichen Infiltrat einer Reaktion von verzögerter Hypersensitivität die zelluläre Reaktion nicht geringer ausgeprägt ist, wenn zuvor Heparin gegeben wurde, daß aber die begleitende Fibrinablagerung weniger deutlich ist. Für Reaktionen vom verzögerten Typ ist eine begleitende extravaskuläre Fibrinablagerung charakte-

ristisch. Bei der EAE hat Paterson (1976) regelmäßig perivaskuläre Fibrinablagerungen gesehen, die vor dem Einsetzen der klinischen Symptome in
den immunisierten Ratten auftraten und für das begleitende Ödem verantwortlich gemacht worden sind. Durch vorherige Induktion einer Hypofibri-
nogenämie mit Ancrod, einem Gift aus malaiischen Vipern (Agkistrodon
rhodostoma) gewonnen, verminderten sich die Fibrinablagerungen erheblich, während zelluläre Infiltrate in gleicher Weise wie bei unbehandelten
EAN-Tieren auftraten.

Klinisch blieben die mit Ancrod behandelten Tiere nahezu unauffällig,
wodurch die Vorstellung unterstützt wurde, daß Fibrindepositionen und das
begleitende Ödem für neurophysiologische Funktionsstörungen mit entsprechenden klinischen Ausfällen verantwortlich sind (Paterson 1984).

Ähnliche Beobachtungen machten Ruhenstroth-Bauer et al. (1982)
nach Injektion von Fibrinopeptiden A und B. Ein endoneurales Ödem, vermutlich ebenfalls mit Fibrin, wurde auch in der Frühphase der EAN von
Powell et al. (1983) gesehen und durch Messungen eines erhöhten endoneu-
ralen Flüssigkeitdruckes objektiviert. Elektronenmikroskopisch hat Lampert bereits 1969 den Austritt von Plasmaproteinen beobachtet.

Die pathogenetische Bedeutung von Fibrinablagerungen und Ödem ist
zwar nicht endgültig klar; der rasche, innerhalb von Stunden auftretende
Leitungsblock fünf bis sieben Tage nach Injektion von spezifisch sensibilisier-
ten Lymphozyten (LiP$_2$/A), der von einem massiven Ödem in den Nervenwurzeln bei relativ geringgradiger zellulärer Infiltration begleitet wird,
macht zumindest die bedeutende Stellung des Ödems in der Pathogenese
deutlich.

Vermutlich können durch eine rechtzeitige Heparinisierung ein weiterer
Fibrinaustritt und eine Ausfällung verhindert werden. Eine akute Besserung
eines bereits bestehenden ödembedingten Leitungsblockes ist damit allerdings nur schwer erklärbar, da dem Heparin nur sehr geringfügige fibrinoly-
tische Aktivität zugeschrieben wird, die bereits ausgefälltes Fibrin auflösen
könnte.

Das Heparin entfaltet seine Hauptwirkung im Bereich postkapillärer
Venolen und könnte so andererseits auch in Nerven die Anhaftung mononu-
kleärer Zellen verhindern, wodurch die mikrovaskuläre Zirkulation mit
allen positiven Folgen verbessert wird.

Literatur

Adrian ED (1921) The recovery process of excitable tissues. Part II. J Physiol (London) 55:193

Allison T, Hume AL (1981) A comparative analysis of short-latency somatosensory evoked potentials in mouse, monkey, cat and rat. Exp Neurol 72:592–611

Allt G (1975) The node of Ranvier in experimental allergic neuritis: an electron microscope study. J Neurocytol 4:63–76

Allt G, Evans EM, Evans DHL (1971) The vulnerability of immature rabbits to experimental allergic neuritis: a light and electron microscopic study. Brain Res 29:271–291

Antony JH, Pollard JD, McLeod JG (1981) Effects of plasmapheresis on the course of experimental allergic neuritis in rabbits. J Neurol Neurosurg Psychiat 44:1124–1128

Arnason BGW (1984) Acute inflammatory demyelinating polyradiculoneuropathies. In: Dyck PJ, Thomas PK, Lambert EH, Bunge R (eds) Peripheral neuropathy, Vol. II. W.B. Saunders Company, Philadelphia London, pp 2050–2100

Asbury AK, Johnson PC (1978) Pathology of peripheral nerve. W.B. Saunders Company, Philadelphia London

Åström KE, Webster HF, Arnason BG (1968) The initial lesion in experimental allergic neuritis. J Exp Med 128:469–495

Ballin RHM, Thomas PK (1968) Electron microscope observations on demyelination and remyelination in experimental allergic neuritis. Part I: Demyelination. J Neurol Sci 8:1–18

Barka T, Anderson PJ (1963) Histochemistry — theory, practice and bibliography. Hoeter, New York

Bartels H (1969) Blut. In: Keidel WD (Hrsg) Kurzgefaßtes Lehrbuch der Physiologie. Georg Thieme Verlag, Stuttgart, pp 21–38

Behan PO, Currie S (1978) Clinical neuroimmunology. W.B. Saunders Company, Philadelphia London Toronto

Bergmans J (1970) The physiology of single human nerve fibres. Vander, Lourain (Belgium)

Berthold CH (1973) Histochemistry of postnatally developing feline spinal roots II. Neurobiol 3:291–310

Brettle RP, Gross M, Legg NJ, Lockwood M, Pallis C (1978) Treatment of acute polyneuropathy by plasma exchange. Lancet II:1100

Brosnan CF, Lyman WD, Neighbour PA (1984) Chronic experimental allergic neuritis in the Lewis rat. J Neuropathol Exp Neurol 43:302

Brosnan JV, Craggs RI, King RHM, Thomas PK (1984) Attempts to suppress experimental allergic neuritis in the rat by pretreatment with antigen. Acta Neuropathol (Berlin) 64:153–160

Brostoff SW, Wisniewski HM, Greenfield S, Morell P, Eylar EH (1973) Immunopathologic response in guinea pigs sensitized with peripheral nervous system myelin. Brain Res 58:500–505

Campbell JA, Leandri M (1984) The effect of high pass filters on computer-reconstructed evoked potentials. Electroencephalogr Clin Neurophysiol 57:99–101

Charlton B, Schindhelm K, Farrell PC (1983) Effect of extracorporal IgG removal on IgG kinetics. Trans Am Soc Artif Intern Organ 29:724–729

Cohen MC, Cohen S (1979) Cellular hypersensitivity and inflammation. In: Movat HZ (ed) Inflammatory reaction. Springer Verlag, Berlin Heidelberg New York, pp 239–258

Cook JD, Tindall RAS, Walker J, Khan A, Rosenberg R (1980) Plasma exchange as a treatment of acute and chronic idiopathic autoimmune polyneuropathy: limited success. Neurol 30:361–362

Cragg BG, Thomas PK (1964) Changes in nerve conduction in experimental allergic neuritis. J Neurol Neurosurg Psychiat 27:106–115

Craggs RI, Brosnan JV, King RHM, Thomas PK (1986) Chronic relapsing experimental allergic neuritis in Lewis rats: effects of thymectomy and splenectomy. Acta Neuropathol (Berlin) 70:22–29

Cummins KL, Dorfman LJ, Perkel DH (1981) Nerve conduction velocity distributions: a method for estimation based upon two compound action potentials. In: Dorfman LJ, Cummins KL, Leifer LJ (eds) Conduction velocity distributions. A population approach to electrophysiology of nerve. Alan R. Liss Inc., New York, pp 181–232

Cunningham JM, Powers JM, Brostoff SW (1983) Prevention of experimental allergic neuritis in the Lewis rat with bovine P_2 protein. Brain Res 258:285–289

Dyck PJ, Daube J, O'Brien P, Pineda A, Low PA, Windebank AJ, Swanson C (1986) Plasma exchange in chronic inflammatory demyelinating polyradiculoneuropathy. N Engl J Med 314:461–465

Eylar EH, Ishaque A, Szymanska I (1980) The P_2 protein of peripheral nerve myelin. In: Hashim GA (ed) Myelin: chemistry and biology. Alan R. Liss Inc., New York, pp 37–53

Farrell PC (1983) Diskussionsbemerkung zu Charlton et al., 1983. Trans Am Soc Artif Intern Organs 29:729

Feasby TE, Hahn AF, Gilbert JJ (1982) Passive transfer studies in Guillain-Barré polyneuropathy. Neurol 32:1159–1167

Fierz W (1986) Persönliche Mitteilung

Graham DI, De Jesus PV, Pleasure DE, Gonatas NK (1976) Triethyltin sulfat-induced neuropathy in rats. Arch Neurol (Chic.) 33:40–48

Greenwood RJ, Newsom-Davis J, Hughes RAC et al. (1984) Controlled trial of plasma exchange in acute inflammatory polyradiculopathy. Lancet II:877–879

Gross MLP, Thomas PK (1981) The treatment of chronic relapsing and chronic progressive idiopathic inflammatory polyneuropathy by plasma exchange. J Neurol Sci 52:69–78

Gross MLP, Craggs RI, King RHM, Thomas PK (1983) The treatment of experimental allergic neuritis by plasma exchange. J Neurol Sci 61:149–160

Guillain-Barré-Syndrome Study Group (1985) Plasmapheresis and acute Guillain-Barré syndrome. Neurol 35:1096–1104

Hall JI (1967) Studies on demyelinated peripheral nerves in guinea pigs with experimental allergic neuritis. A histological and electrophysiological study. Part I: Symptomatology and histological observations. Brain 90:297–312

Hallpike JF (1972) Enzyme and protein changes in myelin breakdown and multiple sclerosis. Prog Histochem Cytochem 3:179–216

Harrison BM, Hansen LA, Pollard JD, McLeod JG (1984) Demyelination induced by serum from patients with Guillain-Barré syndrome. Ann Neurol 15:163–170

Hay JB (ed) (1982) Animal models of immunological processes. Academic Press, London New York Paris San Diego San Francisco

Heininger K, Stoll G, Linington C, Toyka KV, Wekerle H (1986) Conduction failure and nerve conduction slowing in experimental allergic neuritis induced by P_2-specific T-cell lines. Ann Neurol 19:44–49

126

Heitmann R, Kersting G, Pette E (1957) Experimentelle Untersuchungen zur Pathogenese der akut entzündlichen Polyneuritis. Dtsch Med Wochenschr 82:1183–1186

Hjorth RN, Bonde GM, Piner E, Hartzell RW, Rorke LB, Rubin BA (1984) Experimental neuritis induced by a mixture of neural antigens and influenza vaccines. A possible model for Guillain-Barré syndrome. J Neuroimmunol 6:1–8

Hoffmann P (1922) Untersuchungen über die Eigenreflexe (Sehnenreflexe) menschlicher Muskeln. Springer, Berlin

Hoffmann PM, Powers JM, Weise MJ, Brostoff SW (1980) Experimental allergic neuritis: I. Rat strain differences in the response to bovine myelin antigens. Brain Res 195:355–362

Howe JF, Loeser JD, Calvin WH (1977) Mechanosensitivity of dorsal root ganglia and chronically injured axons. A physiological basis for the radicular pain of nerve root compression. Pain 3:25–41

Hughes RAC, Kadlubowski M (1980) Experimental allergic neuritis in the rat. In: Rose FC, Behan PO (eds) Animal models of neurological disease. Pitman Medical, Tunbridge Wells, 95–102

Hughes RAC, Powell BC (1984) Experimental allergic neuritis: demyelination induced by P_2 alone and non-specific enhancement by cerebroside. J Neuropathol Exp Neurol 43:154–161

Hughes RAC, Kadlubowski M, Gray IA, Leibowitz S (1981) Immune responses in experimental allergic neuritis. J Neurol Neurosurg Psychiat 44:565–569

Hülser PJ, Wiethölter H (1986) The anterior root response in the lumbar SEP of rat after stimulation of the tibial nerve. Electromyogr Clin Neurophysiol 26:49–55

Ichijo K, Fujimoto Y, Okada K (1981) Ultrastructural study of experimental allergic neuritis in the chicken. I: Cell migration, granuloma formation and demyelination. Zentralbl Veterinärmed 28:210–225

Izumo S, Linington C, Wekerle H, Meyermann R (1984) Morphological study of experimental allergic neuritis mediated by a T-cell line specific for bovine P_2 protein. Annual Report of Max-Planck-Society Clinical Research Unit for Multiple Sclerosis 2:114–117

Kadlubowski M, Hughes RAC (1980) The neurogenicity and encephalogenicity of P_2 in the rat, guinea pig and rabbit. J Neurol Sci 48:171–178

Kaeser HE (1962) Funktionsprüfungen peripherer Nerven bei experimentellen Polyneuritiden und bei der Wallerschen Degeneration. Dtsch Z Nervenheilk 183:268–304

Kaeser HE, Lambert EH (1962) Nerve function studies in experimental polyneuritis. Electroencephalogr Clin Neurophysiol (Suppl) 22:29–35

Kimura J (1978) Proximal versus distal slowing of motor nerve conduction velocity in the Guillain-Barré syndrome. Ann Neurol 3:344–35

Kimura J, Yanagisawa H, Yamada P, Mitsudome A, Sasaki H, Kimura A (1984) Is the F-wave elicited in a select group of motoneurons? Muscle Nerve 7:392–399

Kraft GH, Freal JE, Yonemoto K, Thompson SC (1978) Evaluation of EAN in rats by measurement of nerve conduction velocity in the tail under constant temperature conditions. Electroencephalogr Clin Neurophysiol 45:23 P

Lampert PW (1969) Mechanism of demyelination in experimental allergic neuritis. Electromicroscopic studies. Lab Invest 20:127–138

Lassmann H, Vass K, Brunner C, Wisniewski HM (1986) Peripheral nervous system lesions in experimental allergic encephalomyelitis — ultrastructural distribution of T-cells and Ia-antigen. Acta Neuropathol (Berl.) 69:193–204

Lehmann HJ, Tackmann W, Lehmann G (1971) Funktionsänderung markhaltiger Nervenfasern im N. tibialis des Meerschweinchens bei postdiphtherischer Polyneuritis. Z Neurol 199:86–104

Levine S, Wenk EJ (1963) Allergic neuritis induced in rats without the use of mycobacteria. Proc Soc Exp Biol Med 113:898–900

Levy RL, Newkirk R, Ochoa J (1979) Treatment of chronic relapsing Guillain-Barré syndrome by plasma exchange. Lancet II:259–260

Linington C, Izumo S, Suzuki M, Uyemura K, Meyermann R, Wekerle H (1984) A permanent rat T-cell line that mediates experimental allergic neuritis in the Lewis rat in vivo. J Immunol 133:1946–1950

Low PA, Schmelzer J, Dyck PJ, Kelly JJ (1982) Endoneurial effects of sera from patients with acute inflammatory polyradiculoneuropathy: Electrophysiologic studies of normal and demyelinated rat nerves. Neurol 32:720–724

Madrid RE (1983) Chronic progressive and relapsing experimental allergic neuritis in guinea pigs. In: Battistin L, Hashim GA, Lajtha A (eds) Clinical and biological aspects of peripheral nerve disease. Alan R. Liss Inc., New York, pp 265–276

Madrid RE, Wisniewski HM (1982) Chronic progressive experimental allergic neuritis (EAN) in Hartley guinea pigs. J Neuropathol Exp Neurol 41:362

Magladery JW, Poster WE, Park AM, Teasdale RD (1951) Elektrophysiological studies of nerve and reflex activity in normal man. IV: The two neuron reflex and identification of certain action potentials from spinal roots and cord. Bull John Hopkins Hosp 88:499–519

Martinez A, Blanes A, Cajal Jun Quera SR, De Ispizua I, Campo L (1977) Early changes in the Schwann cells in experimental allergic neuritis. J Neurol Sci 33:61–69

Mayer RF, Denny-Brown D (1964) Conduction velocity in peripheral nerve during experimental demyelination in the cat. Neurol (Minneap.) 14:714–726

McDonald WI (1961) Conduction velocity of cutaneous afferent fibres during experimental demyelination. Proc Univ Otago Med School 39:29

McDonald WI (1963a) The effects of experimental demyelination on conduction in peripheral nerves: a histological and electrophysiological study: I. Clinical and histological observations. Brain 86:481–500

McDonald WI (1963b) The effects of experimental demyelination on conduction of peripheral nerve: a histological and electrophysiological study: II. Electrophysiological observations. Brain 86:501–524

McDonald WI (1980) Physiological consequences of demyelination. In: Sumner A (ed) The physiology of peripheral nerve disease. W.B. Saunders Company, Philadelphia London Toronto, 265–286

Mense S (1982) Meerrettichperoxidase als Mittel zur Darstellung der neuronalen Verbindungen eines Skelettmuskels. Instrum Forsch 9:36–43

Mesulam MM (1978) Tetramethyl benzidine for horseradish peroxidase neurohistochemistry: a non-carcinogenic blue reaction-product with superior sensitivity for visualizing neural afferents and efferents. J Histochem Cytochem 26:106–117

Mesulam MM (ed) (1982) Tracing neural connections with horseradish peroxidase. IBRO handbook series: Methods in the neurosciences. John Wiley & Sons, Chichester New York Brisbane Toronto Singapore

Meyer-Hardting E, Wiederholt WC, Budnik B (1983) Recovery function of short-latency components of the human somatosensory evoked potential. Arch Neurol 40:290–293

Miyoshi T, Goto I (1973) Serial in vivo determination of nerve conduction velocity in rat tails. Physiological and pathological changes. Electroencephalogr Clin Neurophysiol 35:125–131

Morgan-Hughes JA (1968) Experimental diphtheric neuropathy. A pathological and electrophysiological study. J Neurol Sci 7:157–175

Nagai Y, Sakakibara K, Uchida T (1980) Immunomodulatory roles of gangliosides in EAE and EAN. In: Boese A (ed) Search for the cause of multiple sclerosis and other chronic

128

diseases of the central nervous system. Verlag Chemie, Weinheim Deerfield Beach Florida Basel, pp 127–138

Nelson DS (1965) The effect of anticoagulants and other drugs of cellular and cutaneous reactions to antigen in guinea-pigs with delayed-type hypersensitivity. Immunol 9:219–234

Osterman PO, Lundemo G, Pirskanen R, Fagius J, Pihlstedt P, Siden A, Säfwenberg J (1984) Beneficial effects of plasma exchange in acute inflammatory polyradiculoneuropathy. Lancet II:1296–1299

Paraf A, Faye P, Labie C, Charton A, Verge J (1963) Polyradiculonevrite expérimentale chez le mouton. Ann Inst Pasteur de Lille 104:208–218

Paterson PY (1976) Experimental allergic encephalomyelitis: role of fibrin deposition in immunopathogenesis of inflammation in rats. Fed Proc 35:2428–2433

Paterson PY (1984) Modulation of central nervous system inflammatory responses. In: Behan P, Spreafico F (eds) Neuroimmunology. Raven Press, New York, pp 285–299

Petek M, Quaglio GL (1967) Experimental allergic neuritis in the chicken. Pathol Veterin 4:464–476

Peyronnard JM, Charron L (1982) Motor and sensory neurons of the rat sural nerve: a horseradish peroxidase study. Muscle Nerve 5:654–660

Pollard JD, King RHM, Thomas PK (1975) Recurrent experimental allergic neuritis. An electrone microscope study. J Neurol Sci 24:365–383

Powell HC, Braheny SL, Myers RR, Rodriguez M, Lampert PW (1983) Early changes in experimental allergic neuritis. Lab Invest 48:332–338

Prineas JW (1981) Pathology of the Guillain-Barré syndrome. Ann Neurol (Suppl) 9:6–19

Prineas JW, Wright RG (1972) The fine structure of peripheral nerve lesions in a virus-induced demyelinating disease in fowl (Marek's disease). Lab Invest 26:548–557

Raine CS, Wisniewski H, Prineas J (1969) An ultrastructural study of experimental demyelination and remyelination: In: II. Chronic experimental allergic encephalomyelitis in the peripheral nervous system. Lab Invest 21:316–327

Rasminsky M (1978) Ectopic generation of impulses and cross-talk in spinal nerve roots of "dystrophic" mice. Ann Neurol 3:351–357

Rodin BE, Sampogna SL, Kruger L (1983) An examination of intraspinal sprouting in dorsal root axons with the tracer horseradish peroxidase. J Comp Neurol 215:187–198

Rostami A, Brown MJ, Lisak RP et al. (1981) Comparison of P_2 protein with whole peripheral nerve myelin in the production of experimental allergic neuritis. Ann Neurol 10:106

Rostami A, Brown MJ, Lisak RP, Sumner AJ, Zweiman B, Pleasure DE (1984) The role of myelin P_2 protein in the production of experimental allergic neuritis. Ann Neurol 16:680–685

Rostami A, Burns JB, Brown MJ, Rosen J, Zweiman B, Lisak RP, Pleasure DE (1985) Transfer of experimental allergic neuritis with P_2-reactive T-cell lines. Cell Immunol 91:354–361

Ruhenstroth-Bauer G, Scherer R, Abd-El-Fattah M, Simon J (1982) The effect of repeated injections of fibrinopeptides A and B on experimental allergic encephalomyelitis in rats and guinea pigs. In: Henschen A, Graeft H, Lottspeich F (eds) Fibrinogen — recent biochemical and medical aspects. Walter de Gruyter & Co., Berlin New York, pp 365–367

Saida K, Saida T, Brown MJ, Silberberg DH, Asbury AK (1978) Antiserum mediated demyelination in vivo — a sequential study using intraneural injection of experimental allergic neuritis serum. Lab Invest 39:449–462

Saida T (1982) Demyelinative neuritis induced by P_2 protein and galactocerebroside: two distinctive diseases. Prog Neurosci 26:311–322

Saida T, Saida K, Dorfman SH, Silberberg DH, Sumner AJ, Manning MC, Lisak RP, Brown MJ (1979) EAN induced by sensitization with galactocerebroside. Science 204:1103–1106

Saida T, Saida K, Silberberg DH, Brown MJ (1981) Experimental allergic neuritis induced by galactocerebroside. Ann Neurol (Suppl) 9:87–101

Saida T, Saida K, Lisak RP et al. (1982) In vivo demyelinating activity of sera from patients with Guillain-Barré syndrome. Ann Neurol 11:69–75

Schwartz M, Shagass C, Bittle R, Flapan M (1962) Dose related effects of pentobarbital on somatosensory evoked response and recovery cycles. Electroencephalogr Clin Neurophysiol 14:898–903

Server AC, Lefkowith J, Braine H, McKhann GM (1979) Treatment of chronic relapsing inflammatory polyradiculoneuropathy by plasma exchange. Ann Neurol 6:258–261

Sherwin AL (1966) Chronic allergic neuropathy in the rabbit. Arch Neurol (Chic.) 15:289–293

Simmons RD, Bernard CCA, Carnegie PR (1983) Factors underlying ascending paralysis in rodents during experimental autoimmune encephalomyelitis (EAE). In: Kidman AD, Tomkins JK, Morris CA, Cooper NA (eds) Molecular pathology of nerve and muscle. Humana Press, Clifton New Yersey, pp 99–111

Smith KJ, Hall SM (1980) Nerve conduction during peripheral demyelination and remyelination. J Neurol Sci 48:201–219

Smith ME, Forno LS, Hoffmann WW (1979) EAN in the Lewis rat. J Neuropathol Exp Neurol 38:377–391

Stanley EF (1981) Sensory and motor nerve conduction velocity and the latency of the H-Reflex during growth of the rat. Exp Neurol 71:497–506

Steg G (1964) A morphological description of the rat tail muscles. Acta Physiol Scand (Suppl 225) 61:8–9

Stevens A, Schabet M, Wiethölter H (im Druck) Role of endoneural cells in experimental allergic neuritis and characterization of a resident phagocytic cell. Acta Neuropath

Stöhr M, Gilliatt RW, Willison RG (1981) Supernormal excitability of human sensory fibres after ischemia. Muscle Nerve 4:73–75

Sumner A, Saida K, Saida T et al. (1982) Acute conduction block associated with experimental antiserum mediated demyelination of peripheral nerve. Ann Neurol 11:469–477

Suzumura A, Sobue S, Sugimura K, Matsuoka Y, Sobue I (1985) Chronic experimental allergic neuritis (EAN) in juvenile guinea pigs: immunological comparison with acute EAN in adult guinea pigs. Acta Neurol Scand 71:364–372

Taylor WA, Hughes RAC (1985) Experimental allergic neuritis induced in SJL mice by bovine P_2. J Neuroimmunol 8:153–157

Thomas E (1977) Histochemie der Enzyme im peripheren Nervensystem. Handbuch der Histochemie, Bd VII,5. Graumann W, Neumann K (Hrsg) Gustav Fischer Verlag, Stuttgart New York

Toyka KV, Augspach R, Wiethölter H, Besinger U et al. (1982) Plasma exchange in chronic inflammatory polyneuropathy: evidence suggestive of a pathogenic humoral factor. Muscle Nerve 5:479–484

Tuck RR, Antony JH, McLeod JG (1982) F-wave in experimental allergic neuritis. J Neurol Sci 56:173–184

Uyemura K, Suzuki M, Kitamura K, Horie K, Ogawa Y, Matsuyama H, Nozaki S, Muramatsu I (1982) Neuritogenic determinant of bovine P_2 protein in peripheral nerve myelin. J Neurochem 39:895–898

Waibl H (1973) Zur Topographie der Medulla spinalis der Albinoratte (Rattus norvegicus). Adv Anat Embryol Cell Biol 47

Waksman BH (1963) Experimental immunological disease of the peripheral nervous system. In: Rose AS, Pearson CM (eds) Mechanisms of demyelination. Mc Graw-Hill, New York

Waksman BH, Adams RD (1955) Allergic neuritis, an experimental disease of rabbits induced by injection of peripheral nervous tissue and adjuvans. J Exp Med 102:213–235

Waksman BH, Adams RD (1956) A comparative study of EAN in the rabbit, guinea pig and mouse. J Neuropathol Exp Neurol 15:293–333

Waxman SG (1981) Cellular aspects of conduction in myelinated nerve fibers in relation to clinical deficit. In: Dorfman LJ, Cummins KL, Leifer LJ (eds) Conduction velocity distributions: a population approach to electrophysiology of nerve. Alan R. Liss Inc., New York, pp 1–15

Weller RG, Nester B (1972) Early changes at the node of Ranvier in segmental demyelination. Histochemical and electron-microscopic observations. Brain 95:665–674

Wiederholt WC (1978) Recovery function of short latency components of surface and depth recorded somatosensory evoked potentials in the cat. Electroencephalogr Clin Neurophysiol 45:259–267

Wiethölter H, Hülser PJ (1983) Electrophysiological determination of the localization and the time-course of demyelination in rats with experimental allergic neuritis (EAN). Electroencephalogr Clin Neurophysiol 56:196

Wiethölter H, Hülser PJ (1985) Lumbar-spinal somatosensory evoked potentials in the rat after stimulation of the tibial nerve. Exp Neurol 89:24–31

Wiethölter H, Hülser PJ, Niemann G (1985) Generatoren der somatosensorisch evozierten Potentiale nach Beinnervenstimulation. EEG-EMG 16:126–129

Wiethölter H, Schabet M, Hülser PJ (1987) Tiermodelle des Guillain-Barré Syndroms. In: Poeck K, Hacke W, Schneider R (Hrsg) Verhandlungen der Deutschen Gesellschaft für Neurologie. Springer Verlag, Berlin Heidelberg New York Tokyo, pp 21–28

Wiethölter H, Hülser PJ, Linington C, Meier DH, Wessel K (1988) Electrophysiological follow up of experimental allergic neuritis mediated by a permanent T-cell line in rat. J Neurol Sci 83:1–14

Wisniewski HM, Bloom BR (1975) Primary demyelination as a nonspecific consequence of cell-mediated immune reaction. J Exp Med 141:346

Wisniewski H, Prineas J, Raine CS (1969) An ultrastructural study of experimental demyelination and remyelination: acute experimental allergic encephalomyelitis in the peripheral nervous system. Lab Invest 21:105–118

Wisniewski H, Brostoff S, Carter H, Eylar GH (1974) Recurrent experimental allergic polyganglioradiculoneuritis. Arch Neurol 30:347–358

Yonezawa T, Hasegawa M, Arizona N, Okabe H (1981) Antigenicity of galactocerebroside in experimental allergic demyelinating diseases. Acta Neuropathol (Berl.) (Suppl) 7:162–164

Sachverzeichnis